Carlo de Lauro

La matematica a fumetti

a fumetti

Aritmetica e algebra

D1664634

a Fulvia

INDICE

Introduzione

Ti sei mai chiesto perché sulle cartine geografiche e sulla piantina di un appartamento vi è sempre il numero 1 diviso per un altro numero più grande? Ti è mai capitato di dover calcolare il prezzo di un paio di scarpe conoscendo la percentuale di sconto? Hai bisogno di un metodo efficace per svolgere alcuni calcoli in modo molto più rapido? Vuoi trasformare facilmente un numero decimale in una frazione? Hai bisogno di calcolare la probabilità che dal lancio di due dadi esca una determinata combinazione di numeri?

In questo libro troverai le risposte ad ogni domanda che riguarda il mondo dei numeri, da quelli naturali a quelli decimali, da quelli razionali a quelli irrazionali. Imparerai anche a fare calcoli con le lettere e a risolvere le equazioni di primo grado a un'incognita. Incontrerai, lungo il cammino, cartelli, insegne, segnali di avviso, riquadri con concetti da ricordare, come un percorso a tappe che ti coinvolgerà sempre più, il tutto condito da un pizzico di ironia. Attraverso numerose illustrazioni, apprenderai i più importanti concetti e le principali definizioni dell'aritmetica e dell'algebra.

Sarai guidato da due personaggi, un adulto e un bambino. Il primo guiderà il secondo con chiarimenti, domande ed esempi, in un viaggio stimolante e appassionante. Non mancheranno le domande da parte del bambino, spesso con battute simpatiche, che renderanno la lettura fluida e piacevole. E saltando da un fumetto all'altro, sarai in grado di far tuoi tutti gli argomenti dell'aritmetica e dell'algebra previsti dal programma ministeriale della Scuola Secondaria di I Grado. Alla fine troverai anche un capitolo per esercitarti con alcuni quesiti tratti dalle prove Invalsi somministrate agli esami di licenza media. Sei pronto a partire in questo viaggio? Andiamo!

Ma dimenticavo di presentarmi! Sono un insegnante di Matematica e Scienze in una Scuola Secondaria di I Grado. La mia esperienza decennale e il contatto continuo con i miei alunni mi hanno consentito di capire quali siano i concetti della matematica più difficili da studiare. Spesso alcuni argomenti sembrano aridi perché appaiono astratti, lontani dalla realtà di tutti i giorni. Se però l'alunno viene guidato con il racconto, è possibile rendere la materia piacevole e meno difficile di quel che sembra. Ho sempre cercato un libro che rispettasse queste caratteristiche, ma non sono mai riuscito a trovarlo. Perché, allora, non scriverlo? Come spiegare la matematica con semplicità senza perdere il rigore scientifico? Ecco l'idea di ricorrere ai fumetti, che sono in grado di rendere giocosa e divertente questa materia e di farla comprendere a tutti, stimolandoli nell'uso degli strumenti matematici.

Per fare questo ho usato un linguaggio semplice, che possa essere compreso da lettori di qualsiasi età, sia a quelli che non hanno dimestichezza con questa disciplina, sia a quelli che vogliono "rispolverarla". Si snoda in quindici capitoli e abbraccia tutti i principali argomenti.

Spero che il libro possa essere utile anche per gli insegnanti di matematica di ogni ordine e grado e che possa fornire numerosi spunti per appassionare e stimolare i ragazzi verso questa straordinaria disciplina che è la Matematica.

Buona lettura a tutti, grandi e piccini!

Carlo de Lauro

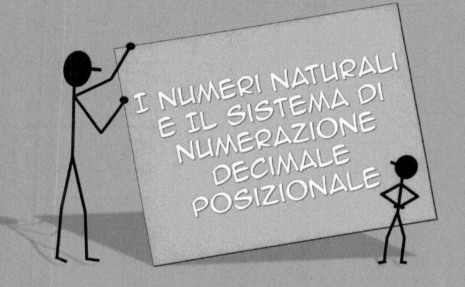

I NUMERI NATURALI E IL SISTEMA DI NUMERAZIONE DECIMALE POSIZIONALE

0, 1, 2, 3, 4, 5, 6, 7, 8, 9, 10, 11, . . .

> Dato un numero naturale, il numero che si ottiene aggiungendo 1 si chiama consecutivo o successivo.

0, 1, 2, 3, 4, 5, 6, 7, 8, 9, 10, 11, . . .

> Ogni numero naturale (escluso lo zero) ha sempre un numero naturale che lo precede. Tale numero prende il nome di antecedente o precedente.

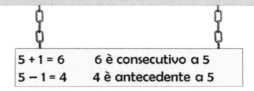

5 + 1 = 6	6 è consecutivo a 5
5 − 1 = 4	4 è antecedente a 5

3

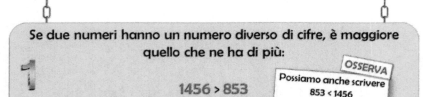

1 Se due numeri hanno un numero diverso di cifre, è maggiore quello che ne ha di più:

$$1456 > 853$$
$$297 > 78$$

OSSERVA
Possiamo anche scrivere
$853 < 1456$
$78 < 297$

2 Se due numeri hanno lo stesso numero di cifre, bisogna partire da sinistra e confrontare quelle che hanno la stessa posizione. Appena si incontra la prima cifra diversa ci si ferma. Il numero in cui la cifra è più grande è il numero maggiore:

$$1378 > 1368$$

OSSERVA
Possiamo anche scrivere
$1368 < 1378$

Partendo da sinistra, in entrambi i numeri la prima cifra è 1, per cui ci spostiamo alla seconda cifra, che in entrambi i numeri è 3. Passando alla terza cifra, notiamo che nel primo numero abbiamo 7, mentre nel secondo numero 6, che è minore di 7. Quindi il primo numero è maggiore del secondo.

maggiore >
minore <

MOLTO SEMPLICE. I METODI SONO DUE. SE ALZI LO SGUARDO, SONO SPIEGATI MOLTO BENE SUI DUE CARTELLI.

SE HO DUE NUMERI NATURALI, COME POSSO FARE PER CAPIRE QUAL È IL PIÙ GRANDE?

- Disegniamo una semiretta orientata come quella in figura;

- disegniamo un segmento u a piacere, che considereremo come unità di misura, e a partire dal punto iniziale della semiretta riportiamo questo segmento su di essa;

- ai vari trattini che si vengono a formare aggiungiamo i numeri a partire da zero, via via crescenti procedendo verso destra.

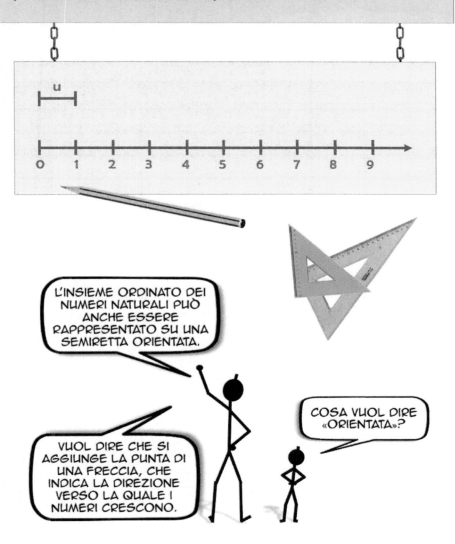

L'INSIEME ORDINATO DEI NUMERI NATURALI PUÒ ANCHE ESSERE RAPPRESENTATO SU UNA SEMIRETTA ORIENTATA.

COSA VUOL DIRE «ORIENTATA»?

VUOL DIRE CHE SI AGGIUNGE LA PUNTA DI UNA FRECCIA, CHE INDICA LA DIREZIONE VERSO LA QUALE I NUMERI CRESCONO.

Classe delle migliaia			Classe delle unità		
Centinaia di migliaia	Decine di migliaia	Migliaia	Centinaia	Decine	Unità
VI ordine	V ordine	IV ordine	III ordine	II ordine	I ordine
100 000	10 000	1 000	100	10	1

Dieci unità di qualsiasi ordine formano un'unità dell'ordine immediatamente superiore

2 2 2 2

2 migliaia
2 centinaia
2 decine
2 unità

1 decina = 10 unità
1 centinaio = 10 decine
1 migliaio = 10 centinaia
1 decina di migliaia = 10 migliaia
1 centinaio di migliaia = 10 decine di migliaia

L'ADDIZIONE E LE SUE PROPRIETÀ

I termini dell'addizione vengono detti addendi; il risultato dell'operazione viene detto somma:

$$2 + 5 = 7$$

addendi   somma

Gli addendi possono essere due o più.

La somma di due o più addendi, di cui uno o più di loro sono zero, è uguale alla somma degli addendi diversi da zero

Lo ZERO è l'ELEMENTO NEUTRO dell'addizione

$$0 + 5 + 3 = 5 + 3 = 8$$
$$0 + 6 + 1 + 0 = 6 + 1 = 7$$

Proprietà commutativa
Cambiando l'ordine degli addendi
la somma non cambia

esempio

$$2 + 5 + 3 = 10$$
$$3 + 2 + 5 = 10$$
$$5 + 3 + 2 = 10$$

Proprietà associativa

Se a due o a più addendi si sostituisce la loro somma, il risultato dell'addizione non cambia

esempio

$$2 + 5 + 3 = 10$$

$$7 + 3 = 10$$

Proprietà dissociativa

Se a un addendo si sostituiscono due o più numeri la cui somma è uguale all'addendo sostituito, il risultato dell'addizione non cambia

esempio

$$6 + 4 = 10$$
$$1 + 5 + 4 = 10$$

LE PROPRIETÀ DELL'ADDIZIONE SONO MOLTO UTILI PER SVOLGERE LE OPERAZIONI PIÙ RAPIDAMENTE E SENZA RICORRERE ALLA CALCOLATRICE

SUGGERIMENTO

Per risolvere l'addizione di più numeri conviene trasformarla, mediante le tre proprietà e dove è possibile, in un'addizione di 10 o multipli di 10, con cui è più facile operare

$$1 + 9 + 13 + 6 + 8 + 24 + 2 + 33 + 16 =$$

Proprietà commutativa $= 1 + 9 + 13 + 6 + 24 + 8 + 2 + 33 + 16 =$	Con la *p. commutativa* possiamo invertire la posizione di 24 e 8, in modo che il primo si venga a trovare accanto al 6 (6+24=30) e il secondo accanto al 2 (8+2=10).
Proprietà dissociativa $= 1 + 9 + \boxed{10 + 3} + 6 + 24 + 8 + 2 + \boxed{30 + 3} + \boxed{10 + 6} =$	Con la *p. dissociativa* possiamo dissociare il 13 in 10+3, il 33 in 30+3 e il 16 in 10+6
Proprietà associativa $= \text{⑩} + 10 + 3 + \text{㉚} + \text{⑩} + 30 + 3 + 10 + 6 =$	Con la *p. associativa* possiamo sostituire a 1+9 il 10, a 6+24 il 30 e a 8+2 il 10.
Proprietà commutativa $= 10 + 10 + 30 + 10 + 30 + 10 + 3 + 3 + 6 =$	Con la *p. commutativa* possiamo spostare a sinistra tutti gli addendi costituiti da decine (10, 20, 30, ecc.) e a destra tutti i restanti addendi
Proprietà associativa $= \text{⑩⑩} + \text{⑫} =$	Con la *p. associativa* possiamo sommare tra loro tutti gli addendi costituiti da decine. Lo stesso possiamo fare con i restanti addendi.

$$= 112$$

La differenza di due numeri, dei quali il primo è maggiore o uguale al secondo, è quel terzo numero che addizionato al secondo dà per somma il primo:

$$9 - 4 = 5$$

sottraendo   differenza
minuendo   (o resto)

infatti...

$$5 + 4 = 9$$

L'operazione con la quale, dati due numeri, si trova la loro differenza, si chiama sottrazione.

SE COMPRO UN GELATO CHE COSTA 3 EURO E PAGO CON UNA BANCONOTA DA 10 EURO, DOVRÒ AVERE IL RESTO DI 7 EURO

Se il sottraendo è uguale a zero, la differenza è uguale al minuendo.

Lo ZERO è l'ELEMENTO NEUTRO della sottrazione

Proprietà invariantiva

In una sottrazione, se si aggiunge o si sottrae la stessa quantità al minuendo e al sottraendo, la differenza non cambia

esempio

$$10 - 6 = 4$$
$$(10 - 4) - (6 - 4) = 6 - 2 = 4$$
$$(10 + 3) - (6 + 3) = 13 - 9 = 4$$

UN'ESPRESSIONE ARITMETICA DI ADDIZIONI E SOTTRAZIONI È UNA SERIE DI OPERAZIONI COSTITUITE, APPUNTO, DA ADDIZIONI E SOTTRAZIONI.

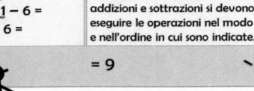

$$25 - \underline{18 + 7} + 1 - 6 =$$

$= \underline{7 + 7} + 1 - 6 =$
$= \underline{14 + 1} - 6 =$
$= \underline{15 - 6} =$

Per trovare il risultato (o valore) di un'espressione aritmetica con addizioni e sottrazioni si devono eseguire le operazioni nel modo e nell'ordine in cui sono indicate.

$= 9$

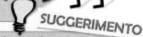

SUGGERIMENTO

In ciascun passaggio si consiglia di sottolineare in rosso le operazioni che via via vengono svolte. In questo modo sarà più facile individuare un eventuale errore di calcolo.

ALCUNE OPERAZIONI DEVONO ESSERE ESEGUITE PRIMA DELLE ALTRE. PER FARE QUESTO SI USANO DELLE PARENTESI.

( )

parentesi tonde

Sono quelle più «interne» e indicano le operazioni da svolgere subito.

[ ]

parentesi quadre

Sono più esterne rispetto alle precedenti e indicano le operazioni da effettuare dopo aver svolto quelle nelle parentesi tonde.

{ }

parentesi graffe

Sono quelle più «esterne» e indicano le operazioni da effettuare dopo aver svolto quelle nelle parentesi quadre.

All'interno delle parentesi le operazioni vanno svolte nell'ordine in cui sono indicate, così come abbiamo visto nell'esempio precedente.

$\{42 - [30 - (\underline{8+12})] + 3\} + 1 =$	La prima operazione che dobbiamo svolgere è quella presente tra le parentesi tonde: 8+12=20. Dopodichè possiamo eliminare le parentesi tonde.
$= \{42 - [\underline{30 - 20}] + 3\} + 1 =$	A questo punto dobbiamo svolgere l'operazione presente tra le parentesi quadre: 30-20=10. Dopodichè possiamo eliminare le parentesi quadre.
$= \{\underline{42 - 10} + 3\} + 1 =$	Ora restano soltanto le parentesi graffe. Al loro interno vi sono tre numeri. In base ha quello che abbiamo visto precedentemente, le operazioni vanno svolte nell'ordine in cui sono indicate. Quindi la prima operazione da svolgere è 42-10=32.
$= \{\underline{32 + 3}\} + 1 =$	Terminiamo le operazioni nelle parentesi graffe calcolando 32+3.
$= 35 + 1 =$	Abbiamo eliminato tutte le parentesi, tonde, quadre e graffe. Non ci resta che svolgere l'operazione 35+1.

$$= 36$$

SUGGERIMENTO

Si consiglia di scrivere più passaggi possibile. In questo modo sarà più facile individuare un eventuale errore di calcolo. Nell'espressione precedente, ad esempio, avremmo potuto calcolare l'operazione 42-10+3 in un unico passaggio, scrivendo 32. Tuttavia, conviene calcolare prima 42-10 e solo successivamente 32+3.

LA MOLTIPLICAZIONE E LE SUE PROPRIETÀ

Moltiplicare un numero per un altro numero, diverso da zero e da uno, vuol dire sommare tanti addendi uguali al primo (o al secondo) quante sono le unità del secondo (o del primo):

$$5 \times 3 = \underbrace{5 + 5 + 5}_{\text{addendi}} = 15$$

fattori   prodotto

oppure

$$5 \times 3 = \underbrace{3 + 3 + 3 + 3 + 3}_{\text{addendi}} = 15$$

fattori   prodotto

Il prodotto di due fattori, di cui uno è uguale ad uno, è uguale al fattore diverso da 1

L'uno è l'elemento neutro della moltiplicazione

$$1 \times 5 = 5$$
$$4 \times 1 = 4$$

Legge di annullamento del prodotto
Affinché un prodotto sia uguale a zero è sufficiente che sia uguale a zero uno dei suoi fattori

$$0 \times 5 = 0$$
$$2 \times 0 = 0$$

Proprietà commutativa
Cambiando l'ordine dei fattori
il prodotto non cambia
(anche nel caso di più di due fattori)

esempio

$2 \times 3 \times 4 = 24$

$4 \times 2 \times 3 = 24$

$3 \times 4 \times 2 = 24$

Proprietà associativa

Se a due o a più fattori si sostituisce il loro prodotto, il risultato della moltiplicazione non cambia

esempio

$$2 \times 4 \times 3 = 24$$

$$8 \times 3 = 24$$

Proprietà dissociativa

Se a un fattore si sostituiscono due o più numeri il cui prodotto è uguale al fattore sostituito, il risultato della moltiplicazione non cambia

esempio

$6 \times 4 = 24$

$2 \times 3 \times 4 = 24$

Proprietà distributiva

Per moltiplicare una somma (o una differenza) per un numero, si può moltiplicare ogni termine per quel numero e poi addizionare (o sottrarre) i prodotti parziali ottenuti

esempi

$$2 \times (3 + 4) = (2 \times 3) + (2 \times 4) = 6 + 8 = 14$$

$$3 \times (5 - 2) = (3 \times 5) - (3 \times 2) = 15 - 6 = 9$$

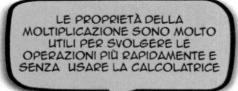

LE PROPRIETÀ DELLA MOLTIPLICAZIONE SONO MOLTO UTILI PER SVOLGERE LE OPERAZIONI PIÙ RAPIDAMENTE E SENZA USARE LA CALCOLATRICE

SUGGERIMENTO

Per risolvere una moltiplicazione, a volte conviene trasformare i suoi fattori, mediante le sue proprietà e dove è possibile, in 10 o in multipli di 10, con cui è più facile operare

20 x 35 x 5 =

Proprietà commutativa = 20 x 5 x 35 =	Con la *p. commutativa* abbiamo invertito l'ordine dei fattori 35 e 5, in modo che il 20 vada a moltiplicare il 5 (sappiamo che 20 x 5 = 100)
Proprietà associativa = 100 x 35 =	Con la *p. associativa* abbiamo sostituito a 20 x 5 il prodotto, che, come abbiamo già detto, è uguale a 100
= 3500	*Ricordiamo che per moltiplicare 35 per 100 è sufficiente scrivere alla destra di 35 due zeri*

50 x 12 =

Proprietà dissociativa = 50 x 2 x 6	Con la *p. dissociativa* abbiamo sostituito il fattore 12 con il prodotto 2 x 6, in modo che il fattore 50 vada a moltiplicare il fattore 2
Proprietà associativa = 100 x 6	Con la *p. associativa* abbiamo sostituito alla moltiplicazione 50 x 2 il prodotto 100
= 600	*Ricordiamo che per moltiplicare 6 per 100 è sufficiente scrivere alla destra di 6 due zeri*

LA PROPRIETÀ DISTRIBUTIVA DELLA MOLTIPLICAZIONE È MOLTO UTILE QUANDO BISOGNA RISOLVERE MOLTIPLICAZIONI IN CUI UN FATTORE SIA 11 O 9

SUGGERIMENTO

Per risolvere una moltiplicazione in cui uno dei fattori sia uguale a 11 o a 9, conviene utilizzare la proprietà distributiva della moltiplicazione

$38 \times 11 =$

$= 38 \times \boxed{(10 + 1)} =$	Abbiamo sostituito ad *11* la somma *10 + 1*
Proprietà distributiva $= (38 \times 10) + (38 \times 1) = 380 + 38 =$	Abbiamo applicato la *p. distributiva* della moltiplicazione

$$= 418$$

$38 \times 9 =$

$= 38 \times \boxed{(10 - 1)} =$	Abbiamo sostituito ad *9* la differenza *10 - 1*
Proprietà distributiva $= (38 \times 10) - (38 \times 1) = 380 - 38 =$	Abbiamo applicato la *p. distributiva* della moltiplicazione

$$= 342$$

LA DIVISIONE
E LE SUE
PROPRIETÀ

Dati due numeri interi, dei quali il secondo è diverso da zero, si dice quoziente del primo per il secondo, il numero che moltiplicato per il secondo dà come prodotto il primo:

$$12 : 4 = 3$$

divisore

dividendo   quoziente

infatti...

$$4 \times 3 = 12$$

L'operazione con la quale, dati due numeri, si trova il loro quoziente, si chiama divisione.

La divisione è l'operazione inversa della moltiplicazione.

La divisione tra numeri naturali (di cui il secondo diverso da 0) ha per risultato un numero naturale soltanto quando il dividendo è multiplo del divisore. Ad esempio,

$$2 : 7$$

non ha come risultato un numero naturale.

Proprietà invariantiva

In una divisione moltiplicando o dividendo per uno stesso numero diverso da zero sia il dividendo sia il divisore il risultato non cambia

un altro esempio

$$54 : 6 = 9$$

$$(54 \times 2) : (6 \times 2) = 108 : 12 = 9$$

$$(54 : 3) : (6 : 3) = 18 : 2 = 9$$

PER DIVIDERE UNA SOMMA (O UNA DIFFERENZA) PER UN NUMERO POSSO PROCEDERE IN DUE MODI: POSSO SOMMARE GLI ADDENDI (O SOTTRARRE MINUENDO E SOTTRAENDO) E DIVIDERE IL RISULTATO PER IL NUMERO, OPPURE POSSO DIVIDERE CIASCUN ADDENDO (O MINUENDO E SOTTRAENDO) PER IL NUMERO E POI SOMMARE (O SOTTRARRE) I RISULTATI

$$(45 + 15) : 3 = 60 : 3 = 20$$

$$(45 + 15) : 3 = (45 : 3) + (15 : 3) = 15 + 5 = 20$$

$$(45 - 15) : 3 = 30 : 3 = 10$$

$$(45 - 15) : 3 = (45 : 3) - (15 : 3) = 15 - 5 = 10$$

PIÙ SEMPLICE DI QUANTO POSSA SEMBRARE

Proprietà distributiva

Per dividere una somma (o una differenza) per un numero si può dividere ogni addendo (o sia il minuendo che il sottraendo), se divisibile, per quel numero e poi calcolare la somma (o la differenza) dei risultati ottenuti

un altro esempio

$$(24 + 8) : 2 = (24 : 2) + (8 : 2) = 12 + 4 = 16$$

$$(24 - 8) : 2 = (24 : 2) - (8 : 2) = 12 - 4 = 8$$

LA PROPRIETÀ DISTRIBUTIVA DELLA DIVISIONE È MOLTO UTILE PERCHÉ CONSENTE DI EFFETTUARE IL CALCOLO PIÙ RAPIDAMENTE

SUGGERIMENTO

Per risolvere alcune divisioni conviene utilizzare la proprietà distributiva, in modo da semplificare i calcoli

168 : 12 =

Proprietà distributiva

=(120 + 48) : 12 = (120 : 12) + (48 : 12) = 10 + 4 = 14

Abbiamo sostituito a 168 l'addizione di due addendi, 120 e 48. In questo modo, applicando la *proprietà distributiva* della divisione, avremo l'addizione di due divisioni più facilmente risolvibili, (120 : 12) e (48 : 12).

1440 : 18 =

Proprietà distributiva

= (1800 − 360) : 18 = (1800 : 18) − (360 : 18) =
= 100 − 20 = 80

Abbiamo sostituito a 1440 la sottrazione tra due numeri, 1800 e 360. In questo modo, applicando la *proprietà distributiva* della divisione, avremo la sottrazione di due divisioni più facilmente risolvibili, (1800 : 18) e (360 : 18).

SENZA PARENTESI

$12 \times 3 - 56 : 7 \times 2 - 1 + 24 =$	In questa espressione non abbiamo parentesi. Secondo ciò che ci dice il nostro amico, le prime operazioni da svolgere sono le moltiplicazioni e le divisioni. La prima operazione da svolgere è 12x3. Quindi abbiamo 56:7x2. Poiché le operazioni vanno svolte secondo l'ordine in cui sono indicate, dobbiamo prima svolgere la divisione 56:7. Solo successivamente andremo a moltiplicare il risultato per 2.
$= 36 - 8 \times 2 - 1 + 24 =$	A questo punto possiamo svolgere la moltiplicazione 8x2.
$= 36 - 16 - 1 + 24 =$ $= 20 - 1 + 24 =$ $= 19 + 24 =$	Dopo aver calcolato le moltiplicazioni e le divisioni, non ci resta che calcolare le addizioni e sottrazioni nell'ordine in cui sono indicate. Quindi prima 36-16, poi 20-1 e infine 19+24.

$$= 43$$

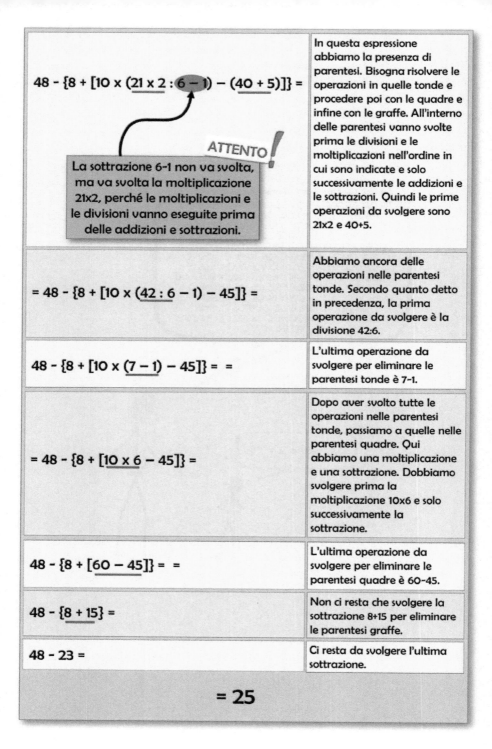

$48 - \{8 + [10 \times (21 \times 2 : 6 - 1) - (40 + 5)]\} =$

In questa espressione abbiamo la presenza di parentesi. Bisogna risolvere le operazioni in quelle tonde e procedere poi con le quadre e infine con le graffe. All'interno delle parentesi vanno svolte prima le divisioni e le moltiplicazioni nell'ordine in cui sono indicate e solo successivamente le addizioni e le sottrazioni. Quindi le prime operazioni da svolgere sono 21x2 e 40+5.

ATTENTO!

La sottrazione 6-1 non va svolta, ma va svolta la moltiplicazione 21x2, perché le moltiplicazioni e le divisioni vanno eseguite prima delle addizioni e sottrazioni.

$= 48 - \{8 + [10 \times (42 : 6 - 1) - 45]\} =$

Abbiamo ancora delle operazioni nelle parentesi tonde. Secondo quanto detto in precedenza, la prima operazione da svolgere è la divisione 42:6.

$48 - \{8 + [10 \times (7 - 1) - 45]\} = \ =$

L'ultima operazione da svolgere per eliminare le parentesi tonde è 7-1.

$= 48 - \{8 + [10 \times 6 - 45]\} =$

Dopo aver svolto tutte le operazioni nelle parentesi tonde, passiamo a quelle nelle parentesi quadre. Qui abbiamo una moltiplicazione e una sottrazione. Dobbiamo svolgere prima la moltiplicazione 10x6 e solo successivamente la sottrazione.

$48 - \{8 + [60 - 45]\} = \ =$

L'ultima operazione da svolgere per eliminare le parentesi quadre è 60-45.

$48 - \{8 + 15\} =$

Non ci resta che svolgere la sottrazione 8+15 per eliminare le parentesi graffe.

$48 - 23 =$

Ci resta da svolgere l'ultima sottrazione.

$$= 25$$

3

LE POTENZE
E LE LORO
PROPRIETÀ

$$2 \times 2 \times 2 \times 2 \times 2 \times 2 \times 2 \times 2 \times 2 \times 2 \times 2 \times 2 = 4096$$

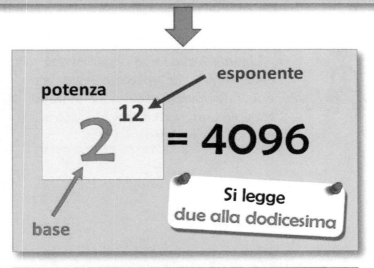

potenza

esponente

$$2^{12} = 4096$$

base

Si legge
due alla dodicesima

Dato un numero *a*, si dice potenza di *a* il prodotto di più fattori tutti uguali ad *a*.

PUOI SCRIVERE IL NUMERO 2 UNA SOLA VOLTA E INSERIRE IN ALTO A DESTRA, DI DIMENSIONI RIDOTTE, IL NUMERO 12. IL NUMERO 2 LO CHIAMERAI **BASE**, MENTRE IL NUMERO 12 **ESPONENTE**

GRANDE!

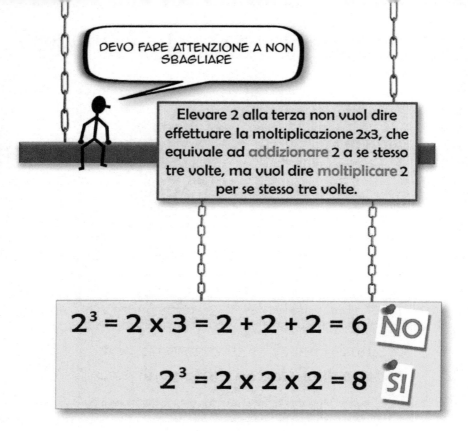

$$0^3 = 0$$

Se la base della potenza è zero e l'esponente è diverso da zero, il risultato sarà sempre uguale a zero. Infatti in questo caso

$$0 \times 0 \times 0 = 0$$

$$5^0 = 1$$

Se l'esponente della potenza è zero e la base è diversa da zero, il risultato sarà sempre uguale ad uno.

$$1^3 = 1$$

Se la base della potenza è uno il risultato sarà sempre uguale a uno. Infatti in questo caso

$$1 \times 1 \times 1 = 1$$

$$5^1 = 5$$

Se l'esponente della potenza è uno il risultato sarà sempre uguale alla base.

$$0^0 \quad \text{non ha significato}$$

LO ZERO E L'UNO HANNO UN COMPORTAMENTO PARTICOLARE

VEDO!

Se la base della potenza è dieci, il risultato sarà dato da 1 seguìto da tanti zeri quante sono le unità dell'esponente. Nei due esempi, dieci alla seconda è uguale a cento, mentre dieci alla terza è uguale a mille:

$$10^2 = 1\underbrace{00}_{\text{due zeri}} \qquad 10^3 = 1\underbrace{000}_{\text{tre zeri}}$$

Le potenze di 10 sono molto utili per indicare delle grandezze molto grandi, come le distanze astronomiche. Ad esempio, per scrivere una distanza di 23 milioni di km, si può scrivere:

$$23 \times 10^6 \, km$$

Infatti moltiplicare 23 per dieci alla sesta equivale a scrivere 23 seguìto da 6 zeri, cioè 23 milioni appunto.
Questo modo di scrivere i numeri viene detto notazione esponenziale (o notazione scientifica).

ANCHE LE POTENZE DI DIECI SEGUONO REGOLE BEN PRECISE. E SONO MOLTO UTILI.

SI DEFINISCE GRANDEZZA TUTTO CIÒ CHE PUÒ ESSERE MISURATO

$$2^3 \times 2^2 = 2^{3+2} = 2^5 = 32$$

Il prodotto di due potenze con la stessa base è una potenza che ha per base la stessa base e per esponente la somma degli esponenti.

$$2^3 : 2^2 = 2^{3-2} = 2^1 = 2$$

Il quoziente di due potenze con la base uguale e diversa da zero e con l'esponente del dividendo maggiore o uguale a quello del divisore è una potenza che ha per base la stessa base e per esponente la differenza degli esponenti.

$$2^2 \times 3^2 = (2 \times 3)^2 = 6^2 = 36$$

Il prodotto di due potenze con lo stesso esponente è una potenza che ha per base il prodotto delle basi e per esponente lo stesso esponente.

$$8^2 : 4^2 = (8 : 4)^2 = 2^2 = 4$$

Il quoziente di due potenze con lo stesso esponente è una potenza che ha per base il quoziente delle basi e per esponente lo stesso esponente.

OSSERVA

$2 \times 2^2 = 2^3$
perché scrivere «2»
equivale a scrivere «2^1»

■ stessa base

□ stesso esponente

ESATTO! VANNO SVOLTE SINGOLARMENTE NEL CASO IN CUI LE DUE POTENZE SONO ADDIZIONATE O SOTTRATTE E/O NEL CASO IN CUI LE BASI E GLI ESPONENTI SONO DIVERSI. ECCO ALCUNI ESEMPI.

QUINDI QUANDO BISOGNA MOLTIPLICARE O DIVIDERE DUE POTENZE CHE HANNO LA STESSA BASE O LO STESSO ESPONENTE POSSO UTILIZZARE LE QUATTRO PROPRIETÀ DELLE POTENZE. IN TUTTI GLI ALTRI CASI LE POTENZE VANNO SVOLTE SINGOLARMENTE?

$$2^3 \times 3^2 = 8 \times 9 = 72$$
$$4^2 : 2^3 = 16 : 8 = 2$$

Le due potenze hanno le basi e gli esponenti diversi.

$$2^3 + 3^3 = 8 + 27 = 35$$
$$4^3 - 4^2 = 64 - 16 = 48$$

Le due potenze hanno le basi e gli esponenti uguali, ma le due potenze sono addizionate, nel primo caso, e sottratte, nel secondo.

$$(4^3)^2 = 4^{3 \times 2} = 4^6 = 4096$$

La potenza di una potenza è una potenza che ha per base la stessa base e per esponente il prodotto degli esponenti.

$30 - \underline{3^3} + 10 : 2 \times 9 - 6 + \underline{4^3} : 8 =$	In questa espressione si ha la presenza di potenze e non si hanno parentesi. La prima cosa da calcolare sono le potenze. Se guardiamo bene l'espressione, possiamo osservare che non vi sono operazioni con le potenze dove poter applicare le proprietà che abbiamo visto. Abbiamo soltanto le due potenze 3^3 e 4^3, che possiamo svolgere singolarmente.
$= 30 - 27 + \underline{10 : 2} \times 9 - 6 + \underline{64 : 8} =$	Dopo aver calcolato le potenze, passiamo alle operazioni. Secondo le regole che conosciamo, andiamo a svolgere prima le moltiplicazioni e divisioni, nell'ordine in cui sono indicate, e solo successivamente le addizioni e sottrazioni, anch'esse nell'ordine in cui sono indicate. Quindi le prime operazioni da svolgere sono 10:2 e 64:8.
$= 30 - 27 + \underline{5 \times 9} - 6 + 8 =$	L'ultima moltiplicazione che ci resta da calcolare è 5x9.
$= 30 - 27 + 45 - 6 + 8 =$ $= \underline{3 + 45} - 6 + 8 =$ $= \underline{48 - 6} + 8 =$ $= 42 + 8 =$	A questo punto abbiamo soltanto addizioni e sottrazioni, che vanno svolte nell'ordine in cui sono indicate.

$$= 50$$

BASTA SEGUIRE CON ATTENZIONE LE REGOLE CHE TI HO DETTO. ECCO I PASSAGGI

EVIDENZIERÒ IN ROSSO I CALCOLI CHE VIA VIA EFFETTUERÒ

SE NELL'ESPRESSIONE CI SONO DELLE PARENTESI, TI DEVI RICORDARE DI COMINCIARE A RISOLVERE QUELLE PIÙ INTERNE, LE TONDE, E DI PROCEDERE POI VERSO QUELLE PIÙ ESTERNE, LE QUADRE E LE GRAFFE. ALL'INTERNO DELLE PARENTESI LE REGOLE SONO LE STESSE CHE TI HO DETTO NELL'ESEMPIO PRECEDENTE.

$(5^0 + 8^5 : 8^3 - 3) - \{[3 + (4^3 : 2^3 + 20^5 : 20^4)] - (2^3 \times 2 - 3^2 + 2^2)\} =$

In questa espressione abbiamo la presenza delle parentesi. Quindi dobbiamo svolgere prima i calcoli nelle parentesi tonde e poi quelle nelle parentesi quadre e graffe. All'interno delle parentesi tonde abbiamo delle potenze da svolgere singolarmente, come 5^0, 3^2 e 2^2, e dei calcoli da svolgere mediante le proprietà delle potenze, come $8^5{:}8^3$, $4^3{:}2^3$, $20^5{:}20^4$ e $2^3{\times}2$.

$= (1 + 8^2 - 3) - \{[3 + (2^3 + 20)] - (2^4 - 9 + 4)\} =$

Nelle parentesi tonde abbiamo tre potenze da svolgere singolarmente (8^2, 2^3, e 2^4).

$= (1 + 64 - 3) - \{[3 + (8 + 20)] - (16 - 9 + 4)\} =$

Abbiamo svolto tutte le potenze. Nelle parentesi tonde abbiamo delle addizioni e delle sottrazioni, che dobbiamo calcolare nell'ordine in cui sono indicate.

$= (65 - 3) - \{[3 + 28] - (7 + 4)\} =$

Non ci resta che svolgere gli ultimi calcoli per eliminare le parentesi tonde.

$= 62 - \{[3 + 28] - 11\} =$

Svolgiamo i calcoli nelle parentesi quadre, in modo da eliminarle.

$= 62 - \{31 - 11\} =$

Svolgiamo i calcoli nelle parentesi graffe, in modo da eliminarle.

$= 62 - 20 =$

Una volta eliminate tutte le parentesi, effettuiamo l'ultimo calcolo.

$= 42$

Su 2 tavoli ci sono 2 vasi, in ognuno dei quali vi sono 2 rose. Quante rose ci sono?

$$2^3 = 8$$

ECCO UNA SITUAZIONE REALE IN CUI È UTILISSIMO L'USO DELLE POTENZE. COME VEDI, IL NUMERO 2, PRESENTE PIÙ VOLTE, RAPPRESENTA LA BASE DELLA POTENZA, MENTRE IL NUMERO DI VOLTE CHE SI RIPETE (IN QUESTO CASO 3) RAPPRESENTA L'ESPONENTE.

GENIALE! QUINDI SE SU CIASCUN FIORE CI FOSSERO DUE COCCINELLE, IL CALCOLO CHE MI PERMETTEREBBE DI CALCOLARE IL NUMERO TOTALE DI COCCINELLE SAREBBE $2^4 = 16$

4

DIVISIBILITÀ,
M.C.D. e m.c.m.

$M_1 = 0, 1, 2, 3, 4, 5, 6, 7, 8, 9, 10, \ldots$

$M_2 = 0, 2, 4, 6, 8, 10, 12, 14, 16, \ldots$

$M_3 = 0, 3, 6, 9, 12, 15, 18, 21, 24, \ldots$

$M_4 = 0, 4, 8, 12, 16, 20, 24, 28, \ldots$

$M_5 = 0, 5, 10, 15, 20, 25, 30, 35, \ldots$

$M_6 = 0, 6, 12, 18, 24, 30, 36, 42, \ldots$

. . . .

$M_n = 0, n, n \times 2, n \times 3, n \times 4, \ldots$

COME VEDI, I MULTIPLI DI UN NUMERO SI INDICANO CON LA M MAIUSCOLA SEGUITA DAL NUMERO CHE STAI CONSIDERANDO IN BASSO A DESTRA. AD ESEMPIO M_4 INDICA I MULTIPLI DI 4. NOTI QUALCOS'ALTRO?

SÌ. TRA I MULTIPLI DI UN NUMERO CI SONO SEMPRE ZERO E IL NUMERO STESSO

Divisori (o sottomultipli) di un numero

I divisori (o sottomultipli) di un numero naturale $n \neq 0$ sono tutti i numeri naturali contenuti in n un numero intero di volte.

$D_1 = 1$

$D_2 = 1, 2$

$D_3 = 1, 3$

$D_4 = 1, 2, 4$

$D_5 = 1, 5$

$D_6 = 1, 2, 3, 6$

· · · · · · · · · ·

$D_{16} = 1, 2, 4, 8, 16$

· · · · · · · · · ·

$D_{24} = 1, 2, 3, 4, 6, 8, 12, 24$

· · · · · · · · · · · · · · · · · ·

OSSERVA

Un numero naturale è divisibile per i propri divisori, cioè se lo si divide per i suoi divisori darà sempre resto uguale a zero

OSSERVA

Tutti i numeri naturali sono multipli dei loro divisori

I DIVISORI DI UN NUMERO SI INDICANO CON LA D MAIUSCOLA SEGUITA DAL NUMERO IN BASSO A DESTRA. AD ESEMPIO D_4 INDICA I DIVISORI DI 4. COS'ALTRO OSSERVI?

TRA I DIVISORI DI UN NUMERO CI SONO SEMPRE UNO E IL NUMERO STESSO

Numeri primi
I numeri primi sono quei numeri naturali che ammettono come divisori soltanto 1 e il numero stesso.

Numeri composti
I numeri composti sono quei numeri naturali che hanno almeno un altro divisore oltre a 1 e a se stesso.

OSSERVA

Esistono anche numeri naturali che non sono né primi né composti; 1, infatti, non è tecnicamente un numero primo, ma non è neppure un numero composto.

ECCO ELENCATI I PIÙ IMPORTANTI CRITERI DI DIVISIBILITÀ. CE NE SONO ALTRI, MA PREFERISCO FARTI VEDERE QUELLI RELATIVI AI PRIMI SETTE NUMERI PRIMI.

2 - Un numero è divisibile per 2 se l'ultima cifra è 0 o è pari;

3 - Un numero è divisibile per 3 se la somma delle sue cifre è 3 o un multiplo di 3;

5 - Un numero è divisibile per 5 se la sua ultima cifra è 0 o 5;

7 - Un numero con più di due cifre è divisibile per 7 se la differenza del numero ottenuto escludendo la cifra delle unità e il doppio della cifra delle unità è 0, 7 o un multiplo di 7. Per es. 95676 è divisibile per 7 se lo è il numero 9567-2*6=9555; questo è divisibile per 7 se lo è il numero 955-2*5=945; questo è divisibile per 7 se lo è 94-2*5=84 che è divisibile per 7 dunque lo è anche il numero 95676;

11 - Un numero è divisibile per 11 se la differenza (presa in valore assoluto) fra la somma delle cifre di posto pari e la somma delle cifre di posto dispari, è 0, 11 o un multiplo di 11. Per es. 625834 è divisibile per 11 in quanto (2+8+4)-(6+5+3)=14-14=0;

13 - Un numero con più di due cifre è divisibile per 13 se la somma del quadruplo della cifra delle unità con il numero formato dalle rimanenti cifre è 0, 13 o un multiplo di 13. Per es. 7306 è divisibile per 13 se lo è il numero 730+4*6=754; questo è divisibile per 13 in quanto 75+4*4=91 è multiplo di 13 (13*7=91);

17 - Un numero con più di due cifre è divisibile per 17 se la differenza (presa in valore assoluto) fra il numero ottenuto eliminando la cifra delle unità e il quintuplo della cifra delle unità è 0, 17 o un multiplo di 17. Per es. 2584 è divisibile per 17 se lo è il numero 258-5*4=238; questo è divisibile per 17 se lo è il numero 23-5*8=17;

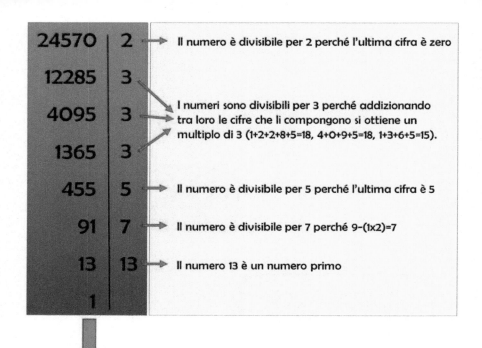

24570	2	Il numero è divisibile per 2 perché l'ultima cifra è zero
12285	3	
4095	3	I numeri sono divisibili per 3 perché addizionando tra loro le cifre che li compongono si ottiene un multiplo di 3 (1+2+2+8+5=18, 4+0+9+5=18, 1+3+6+5=15).
1365	3	
455	5	Il numero è divisibile per 5 perché l'ultima cifra è 5
91	7	Il numero è divisibile per 7 perché 9-(1x2)=7
13	13	Il numero 13 è un numero primo
1		

$$24570 = 2 \times 3 \times 3 \times 3 \times 5 \times 7 \times 13$$

A SINISTRA DELLA LINEA SCRIVERAI I QUOZIENTI DELLE SUCCESSIVE DIVISIONI. A DESTRA I SUCCESSIVI DIVISORI PRIMI.

24570 È DIVISIBILE PER 2 ED IL QUOZIENTE DELLA DIVISIONE È 12285, E COSÌ VIA FINO AD ARRIVARE AD 1.

SI PARTE DAL NUMERO PRIMO PIÙ PICCOLO, CIOÈ 2, E VIA VIA SI PROCEDE CON GLI ALTRI, VERIFICANDO SE IL NUMERO DA SCOMPORRE È DIVISIBILE. IN TAL CASO PROCEDO CON I SUCCESSIVI NUMERI PRIMI.

$$24570 = 2 \times 3^3 \times 5 \times 7 \times 13$$

PER FARE PRIMA, INVECE DI RIPETERE IL NUMERO 3 TRE VOLTE POSSIAMO SCRIVERE TRE ALLA TERZA.

ABBIAMO TRASFORMATO IL NUMERO 24570 NEL PRODOTTO DI FATTORI PRIMI.

Definizione

La scomposizione in fattori primi è un procedimento che permette di riscrivere un numero naturale come prodotto di numeri primi. Se il numero è primo, la scomposizione in fattori primi coincide con il numero stesso.

Altri esempi

882	2
441	3
147	3
49	7
7	7
1	

1256	2
628	2
314	2
157	157
1	

693	3
231	3
77	7
11	11
1	

$$882 = 2 \times 3^2 \times 7^2$$
$$1256 = 2^3 \times 157$$
$$693 = 3^2 \times 7 \times 11$$

24570 | 2
12285 | 3
4095 | 3
1365 | 3
455 | 5
91 | 7
13 | 13
1 |

BRAVO, SEI MOLTO ATTENTO! ORA INFATTI VOGLIO SPIEGARTI UN TRUCCHETTO PER SVOLGERE LE SUCCESSIVE DIVISIONI IN MODO PIÙ RAPIDO.

VEDO CHE HAI AGGIUNTO DEI NUMERETTI ROSSI. A COSA SERVONO?

| 24570 | 2 |
| 12 | |

Per effettuare la divisione per 2, non occorre necessariamente procedere come si fa normalmente con le divisioni, ma si può operare in modo più semplice. Se prendiamo in considerazione il primo numero (24570), il 2 nel 24 entra 12 volte; quindi possiamo scrivere le prime due cifre del risultato (12).

| 24570 | 2 |
| 122 | |

Proseguiamo con la cifra successiva: il 2 nel 5 entra 2 volte con resto 1. A destra di 12 inseriamo la cifra 2, mentre il resto (1) lo inseriamo, in rosso e di dimensioni ridotte, tra le cifre 5 e 7.

| 24570 | 2 |
| 1228 | |

Questo piccolo 1, inserito tra il 5 e il 7, va a formare con la cifra 7 il numero 17. Nel 17 il 2 entra 8 volte con resto 1. Procedendo come prima, inseriamo a destra di 122 la cifra 8 e tra le cifre 7 e 0 il numero 1.

| 24570 | 2 |
| 12285 | |

Il 2 nel 10 entra 5 volte. Andiamo quindi ad inserire la cifra 5 a destra di 1228.

Allo stesso modo si possono svolgere le successive divisioni.

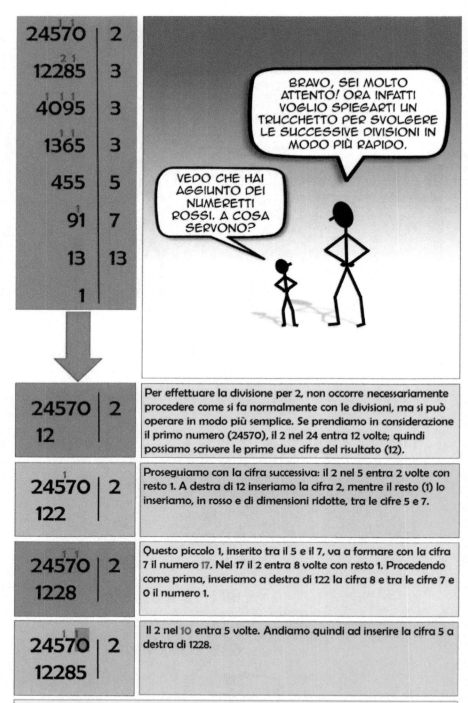

I numeri che terminano con uno, due, tre o più zeri sono divisibili rispettivamente per 10, 100, 1000, e così via. Ma

$$10 = 2 \times 5$$
$$100 = 2^2 \times 5^2$$
$$1000 = 2^3 \times 5^3$$
$$\dots \text{ e così via}$$

Quindi un numero che termina con uno zero, essendo divisibile per 10, sarà divisibile per 2 x 5. Quindi con la prima divisione possiamo scrivere, a destra della linea verticale, 2x5. Il risultato della divisione sarà dato dal numero senza lo zero (dividere un numero che termina con zero per dieci equivale a «eliminare» lo zero finale). Un discorso simile possiamo fare per i numeri che terminano con più zeri. Dopodiché si procede nel modo visto in precedenza. Sotto abbiamo alcuni esempi, che chiariscono meglio la cosa.

ESISTE ANCHE UN ALTRO CASO IN CUI SI POSSONO SEMPLIFICARE I CALCOLI: QUANDO IL NUMERO DA SCOMPORRE TERMINA CON UNO O PIÙ ZERI.

24570	2 x 5
2457	3
819	3
273	3
91	7
13	13
1	

6400	$2^2 \times 5^2$
64	2
32	2
16	2
8	2
4	2
2	2
1	

4000	$2^3 \times 5^3$
4	2
2	2
1	

OSSERVA

L'esponente di 2 e 5 nel prodotto 2x5 corrisponde al numero di zeri con cui termina il numero da scomporre.

$$24570 = 2 \times 3^3 \times 5 \times 7 \times 13$$
$$6400 = 2^8 \times 5^2$$
$$4000 = 2^5 \times 5^3$$

M_2 = 0, 2, 4, 6, 8, 10, 12, 14, 16, 18, 20, 22, 24, . . .

M_4 = 0, 4, 8, 12, 16, 20, 24, 28, . . .

M_6 = 0, 6, 12, 18, 24, 30, 36, 42, . . .

I numeri naturali 2, 4 e 6 hanno dei multipli in comune (0, 12, 24, e infiniti altri) e dei divisori in comune (1 e 2).

D_2 = 1, 2

D_4 = 1, 2, 4

D_6 = 1, 2, 3, 6

SEI MOLTO ATTENTO. BRAVO! STAI PARLANDO *DI MINIMO COMUNE MULTIPLO* E *MASSIMO COMUNE DIVISORE*

WOW, È VERO! STO NOTANDO ANCHE CHE IL PIÙ PICCOLO MULTIPLO COMUNE MAGGIORE DI ZERO È 12, MENTRE IL PIÙ GRANDE DIVISORE COMUNE È 2

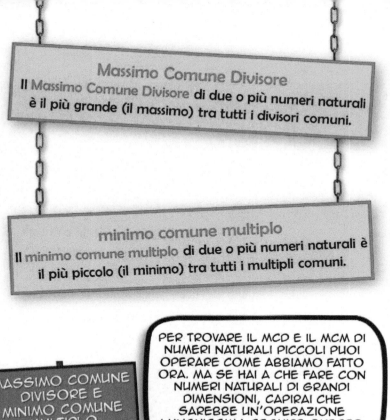

Massimo Comune Divisore

Il Massimo Comune Divisore di due o più numeri naturali è il più grande (il massimo) tra tutti i divisori comuni.

minimo comune multiplo

Il minimo comune multiplo di due o più numeri naturali è il più piccolo (il minimo) tra tutti i multipli comuni.

MASSIMO COMUNE DIVISORE E MINIMO COMUNE MULTIPLO

PER TROVARE IL MCD E IL MCM DI NUMERI NATURALI PICCOLI PUOI OPERARE COME ABBIAMO FATTO ORA. MA SE HAI A CHE FARE CON NUMERI NATURALI DI GRANDI DIMENSIONI, CAPIRAI CHE SAREBBE UN'OPERAZIONE LUNGHISSIMA SEGUIRE QUESTO METODO.

ESISTE ALLORA UN METODO PER CALCOLARE IL MCD E IL MCM DI DUE O PIÙ NUMERI NATURALI IN MANIERA PIÙ RAPIDA?

$$1890 \mid 2 \times 5$$
$$189 \mid 3$$
$$63 \mid 3$$
$$21 \mid 3$$
$$7 \mid 7$$
$$1 \mid$$

$$6400 \mid 2^2 \times 5^2$$
$$64 \mid 2$$
$$32 \mid 2$$
$$16 \mid 2$$
$$8 \mid 2$$
$$4 \mid 2$$
$$2 \mid 2$$
$$1 \mid$$

$$50 \mid 2 \times 5$$
$$5 \mid 5$$
$$1 \mid$$

$$1890 = 2 \times 3^3 \times 5 \times 7$$
$$6400 = 2^8 \times 5^2$$
$$50 = 2 \times 5^2$$

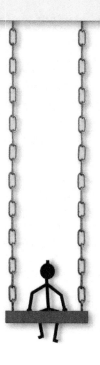

FACCIAMO UN ESEMPIO. SE SI VUOLE CALCOLARE IL MCD E IL mcm DI 1890, 6400 E 50, CONVIENE INNANZITUTTO SCOMPORRE IN FATTORI PRIMI I TRE NUMERI.

$$1890 = 2 \times 3^3 \times 5 \times 7$$
$$6400 = 2^8 \times 5^2$$
$$50 = 2 \times 5^2$$

mcm (1890, 6400, 50) =
$$= 2^8 \times 3^3 \times 5^2 \times 7 = 1209600$$

MCD (1890, 6400, 50) =
$$= 2 \times 5 = 10$$

Massimo Comune Divisore

Per calcolare il massimo comune divisore bisogna moltiplicare tra loro i fattori primi in comune, presi ciascuno una sola volta, con il più piccolo esponente.

minimo comune multiplo

Per calcolare il minimo comune multiplo bisogna moltiplicare tra loro i fattori primi comuni e non comuni, presi ciascuno una sola volta, con il più grande esponente.

...POI BISOGNA SEGUIRE QUESTE DUE REGOLE.

OSSERVA CHE MCD SI SCRIVE A LETTERE MAIUSCOLE, mcm A LETTERE MINUSCOLE.

Massimo Comune Divisore

$$1890 = \boxed{2} \times 3^3 \times \boxed{5} \times 7$$
$$6400 = \boxed{2^8} \times \boxed{5^2}$$
$$50 = \boxed{2} \times \boxed{5^2}$$

I tre numeri hanno in comune i fattori primi 2 e 5 (li abbiamo incorniciati con una linea rossa). In giallo abbiamo evidenziato quelli con l'esponente minore. Moltiplicandoli tra loro otteniamo il Massimo Comune Divisore.

minimo comune multiplo

$$1890 = 2 \times \boxed{3^3} \times 5 \times \boxed{7}$$
$$6400 = \boxed{2^8} \times \boxed{5^2}$$
$$50 = 2 \times 5^2$$

In giallo abbiamo incorniciato i fattori primi che, a parità di base, hanno l'esponente maggiore. Moltiplicandoli tra loro otteniamo il minimo comune multiplo.

COME VEDI, NEL CALCOLO DEL MCD DEVI CONSIDERARE SOLO I FATTORI PRIMI IN COMUNE. DI QUESTI DEVI PRENDERE SOLTANTO QUELLI CON L'ESPONENTE MINORE E LI MOLTIPLICHI TRA LORO.

NEL CALCOLO DEL mcm, INVECE, DEVI CONSIDERARE ANCHE I FATTORI PRIMI NON COMUNI. E DEVI PRENDERE SOLTANTO QUELLI CON L'ESPONENTE MAGGIORE. POI LI MOLTIPLICHI TRA LORO.

CIASCUN FATTORE PRIMO VA PRESO UNA SOLA VOLTA.

mcm (2, 3, 5) = 2 x 3 x 5 = 30

Se i numeri di cui si vuole calcolare il minimo comune multiplo sono tutti numeri primi, il risultato è dato dal loro prodotto.

mcm (2, 3, 6) = 6

Se uno dei numeri di cui si vuole calcolare il minimo comune multiplo è multiplo degli altri, il risultato corrisponde esattamente a questo numero. In questo caso il 6 è multiplo sia di 2 che di 3.

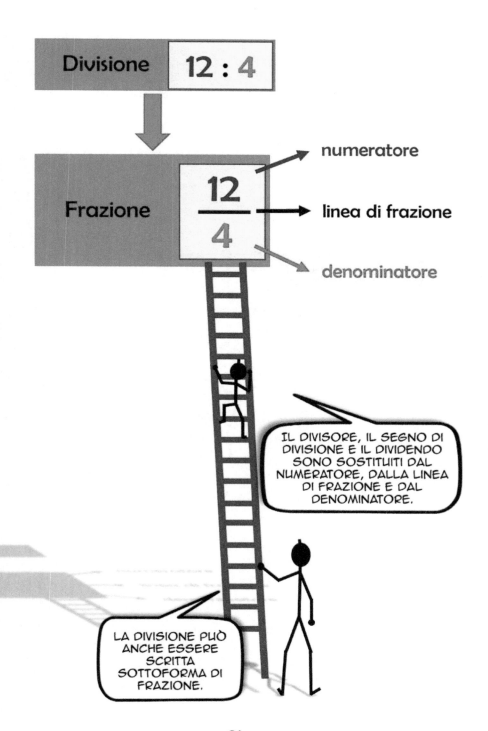

 $\dfrac{1}{4}$ Su quattro fette ne viene mangiata una

 $\dfrac{2}{4}$ Su quattro fette ne vengono mangiate due

 $\dfrac{3}{4}$ Su quattro fette ne vengono mangiate tre

Frazioni proprie

Sono quelle nelle quali il numeratore è minore rispetto al denominatore.

IL QUOZIENTE È MINORE DI UNO.

SE CONSIDERIAMO UNA TORTA, IL DENOMINATORE INDICA IL NUMERO DI FETTE IN CUI VIENE TAGLIATA, MENTRE IL NUMERATORE IL NUMERO DI FETTE CHE VENGONO MANGIATE.

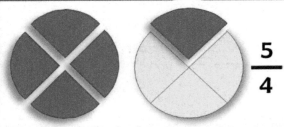

$$\frac{5}{4}$$

Su quattro fette ne vengono mangiate cinque

IL QUOZIENTE È MAGGIORE DI UNO.

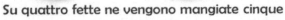

$$\frac{6}{4}$$

Su quattro fette ne vengono mangiate sei

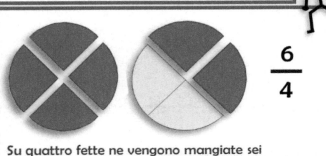

$$\frac{11}{4}$$

Su quattro fette ne vengono mangiate undici

Frazioni improprie

Sono quelle nelle quali il numeratore è maggiore rispetto al denominatore.

ECCO DEI CASI IN CUI IL NUMERO DI FETTE MANGIATE È MAGGIORE DI QUELLO IN CUI LA TORTA È STATA TAGLIATA. IN ALTRE PAROLE, NON BASTA UNA SOLA TORTA.

Frazioni apparenti

Sono quelle nelle quali il numeratore è uguale o multiplo rispetto al denominatore.

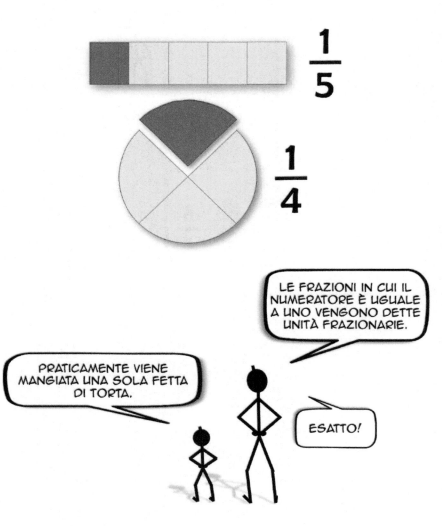

IMMAGINA DI AVERE TRE TAVOLETTE DI CIOCCOLATA, IDENTICHE PER PESO E DIMENSIONI COSA NOTI?

MARCO, ANNA E GIOVANNI MANGIANO LA STESSA QUANTITÀ DI CIOCCOLATA

BRAVO! QUINDI LE FRAZIONI 1/2, 2/4 E 4/8, ANCHE SE SCRITTE IN MANIERA DIVERSA, INDICANO LA STESSA PARTE DELL'INTERO E SI DICONO EQUIVALENTI

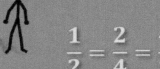

$$\frac{1}{2} = \frac{2}{4} = \frac{4}{8}$$

Marco mangia 1/2 della prima tavoletta

Anna mangia 2/4 della seconda tavoletta

Giovanni mangia 4/8 della terza tavoletta

Frazioni equivalenti

Due o più frazioni sono dette equivalenti se indicano la stessa parte dell'intero.

OSSERVA

Una frazione può essere trasformata in un'altra equivalente moltiplicando o dividendo il numeratore e il denominatore per uno stesso numero diverso da zero. Questa proprietà è detta proprietà invariantiva delle frazioni. Esempio:

$$\frac{2}{4} \implies \frac{2 \times 2}{4 \times 2} = \frac{4}{8} \qquad \frac{4}{8} \implies \frac{4:2}{8:2} = \frac{2}{4}$$

LA PROPRIETÀ INVARIANTIVA DELLE FRAZIONI È UTILE ANCHE PER «SEMPLIFICARE» (O RIDURRE AI MINIMI TERMINI) UNA FRAZIONE, CIOÈ RENDERE IL NUMERATORE E IL DENOMINATORE PIÙ PICCOLI.

LE FRAZIONI CHE SI OTTERRANNO SARANNO EQUIVALENTI A QUELLE DI PARTENZA, VERO?

BRAVISSIMO! SEI UN CAMPIONE.

$$\frac{14}{63} = \frac{14 : 7}{63 : 7} = \frac{2}{9}$$

$$\frac{\cancel{14}^{\,2}}{\cancel{63}_{\,9}} = \frac{2}{9}$$ ⟸ si scrive così

$$\frac{120}{144} = \frac{120:2}{144:2} = \frac{60}{72} = \frac{60:6}{72:6} = \frac{10}{12} = \frac{10:2}{12:2} = \frac{5}{6}$$

$$\frac{\cancel{120}}{\cancel{144}} = \frac{5}{6}$$ ⟸ si scrive così

Riduzione di una frazione ai minimi termini

Ridurre una frazione ai minimi termini vuol dire semplificarla, in modo che numeratore e denominatore non siano ulteriormente semplificabili, cioè siano primi fra loro.

ADDIZIONE E SOTTRAZIONE DI FRAZIONI

SE DEVI ADDIZIONARE O SOTTRARRE DELLE FRAZIONI CON LO STESSO DENOMINATORE, IL CALCOLO È MOLTO SEMPLICE.

$$\frac{2}{3} + \frac{4}{3} + \frac{8}{3} = \frac{2+4+8}{3} = \frac{14}{3}$$

$$\frac{1}{5} + \frac{3}{5} - \frac{2}{5} = \frac{1+3-2}{5} = \frac{2}{5}$$

Addizionando o sottraendo tra loro due o più frazioni aventi lo stesso denominatore, si ottiene una frazione avente per denominatore lo stesso denominatore e per numeratore la somma/differenza dei numeratori.

$$\frac{10}{7} - \frac{2}{7} = \frac{10-2}{7} = \frac{8}{7}$$

Sottraendo tra loro due frazioni aventi lo stesso denominatore, si ottiene una frazione avente per denominatore lo stesso denominatore e per numeratore la differenza dei numeratori.

IN QUESTO CASO TI CONVIENE TRASFORMARE LE FRAZIONI IN ALTRE FRAZIONI, EQUIVALENTI A QUELLE DI PARTENZA, AVENTI TUTTE LO STESSO DENOMINATORE, IN MODO DA RITROVARTI IN UN CASO SIMILE AL PRECEDENTE.

E SE INVECE LE FRAZIONI DA ADDIZIONARE O SOTTRARRE HANNO UN DIVERSO DENOMINATORE?

1	$$\frac{2}{3} + \frac{5}{6} + \frac{7}{2} =$$	In questo caso le tre frazioni hanno il denominatore diverso. In tal caso si può utilizzare un piccolo espediente: trasformare le tre frazioni in altre equivalenti aventi tutte lo stesso denominatore. A tale scopo, ci conviene calcolare il mcm dei denominatori (in tal caso 6) e moltiplicare numeratori e denominatori delle frazioni, che hanno il denominatore diverso da 6, per uno stesso numero, in modo che tutti i denominatori siano uguali a 6.
2	$$= \frac{2 \times 2}{3 \times 2} + \frac{5}{6} + \frac{7 \times 3}{2 \times 3} = \frac{4}{6} + \frac{5}{6} + \frac{21}{6} =$$	In questo modo riconduciamo il calcolo al caso precedente. Basterà quindi addizionare i numeratori.
3	$$= \frac{4+5+21}{6} = \frac{30}{6} = 5$$ OSSERVA Si può saltare il passaggio n° 2 e passare direttamente al passaggio n° 3. I numeri 4, 5 e 21 presenti al numeratore si possono semplicemente calcolare dividendo 6 (l'mcm) per il denominatore e moltiplicando il risultato per il numeratore.	Osserviamo che 30/6 è una frazione apparente, in quanto il numeratore è un multiplo del denominatore. Quindi il risultato sarà uguale a 5, perché 30:6=5.

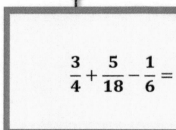

$$\frac{3}{4} + \frac{5}{18} - \frac{1}{6} =$$

Calcoliamo il mcm dei denominatori. In tal caso è uguale a 36, in quanto, scomponendo in fattori primi i tre denominatori, si ha che:

$$4 = 2^2$$
$$18 = 2 \times 3^2$$
$$6 = 2 \times 3$$

Quindi mcm $(4, 18, 6) = 2^2 \times 3^2 = 4 \times 9 = 36$

$$= \frac{27+10-6}{36} = \frac{31}{36}$$

Al numeratore avremo l'addizione di tre numeri, 27, 10 e 6, che si ottengono dividendo, per ciascuna frazione, 36 per il denominatore e moltiplicando il risultato per il numeratore:

$$36 : 4 \times 3 = 27$$
$$36 : 18 \times 5 = 10$$
$$36 : 6 \times 1 = 6$$

ECCO UN ALTRO ESEMPIO.

ORA È ANCORA PIÙ CHIARO.

$$\frac{3}{4} + \boxed{2} + \frac{1}{5} = \frac{3}{4} + \boxed{\frac{2}{1}} + \frac{1}{5}$$

In questo caso uno degli addendi è costituito dal numero intero 2. Questo può essere scritto come frazione 2/1. Dopodichè si può procedere come abbiamo visto negli esempi precedenti. Calcoliamo il mcm dei denominatori, che in tal caso è uguale a 20.

$$= \frac{15+40+4}{20} = \frac{59}{20}$$

$$20 \quad \begin{array}{ccc} \times 3 & \times 2 & \times 1 \\ \overline{:4} & \overline{:1} & :5 \end{array}$$

Al numeratore avremo l'addizione di tre numeri, 15, 40 e 4, che si ottengono dividendo, per ciascuna frazione, 20 per il denominatore e moltiplicando il risultato per il numeratore:

20 : 4 x 3 = 15
20 : 1 x 2 = 40
20 : 5 x 1 = 4

$$\frac{3}{4} + \frac{14}{28} - \frac{36}{90} =$$

In questo caso il calcolo del minimo comune multiplo dei denominatori richiede un po' più tempo, perché i numeri sono più grandi. Ma se osserviamo bene le frazioni, esse possono essere semplificate.

$$= \frac{3}{4} + \frac{\overset{1}{\cancel{14}}}{\underset{2}{\cancel{28}}} - \frac{\overset{18}{\cancel{36}}\overset{6}{}\overset{2}{}}{\underset{45}{\cancel{90}}\underset{15}{}\underset{5}{}} =$$

Nella frazione 14/28 il numeratore e il denominatore sono divisibili per 14. Quindi possiamo sostituire a 14/28 la frazione equivalente 1/2. Un discorso analogo si può fare con la frazione 36/90.

$$= \frac{3}{4} + \frac{1}{2} - \frac{2}{5} =$$

Dopo aver semplificato le frazioni, possiamo procedere come abbiamo visto negli esempi precedenti. In particolare, dobbiamo calcolare il mcm dei denominatori, che in questo caso è uguale a 20.

$$= \frac{15 + 10 - 8}{20} = \frac{17}{20}$$

È VERO. MA A VOLTE È POSSIBILE SEMPLIFICARLI RIDUCENDO AI MINIMI TERMINI LE FRAZIONI, COME IN QUESTO CASO.

$$\frac{7}{4} \times \frac{5}{6} = \frac{7 \times 5}{4 \times 6} = \frac{35}{24}$$

$$\frac{3}{2} \times \frac{1}{4} \times \frac{5}{2} = \frac{3 \times 1 \times 5}{2 \times 4 \times 2} = \frac{15}{16}$$

$$\frac{1}{2} \times \frac{7}{8} = \frac{1 \times 7}{2 \times 8} = \frac{7}{16}$$

PER MOLTIPLICARE DUE O PIÙ FRAZIONI TRA LORO È SUFFICIENTE MOLTIPLICARE TRA LORO I NUMERATORI E I DENOMINATORI.

MOLTIPLICAZIONE DI FRAZIONI

SÌ, SI CONSIDERA IL NUMERO INTERO COME UNA FRAZIONE AVENTE «UNO» AL DENOMINATORE.

SE AL POSTO DI UNA O PIÙ FRAZIONI VI SONO DEI NUMERI INTERI, SI OPERA COME ABBIAMO FATTO PER L'ADDIZIONE?

UN CALCOLO DI QUESTO TIPO PUÒ ESSERE UTILE QUANDO SI VUOLE CALCOLARE LA FRAZIONE DI UN NUMERO INTERO. AD ESEMPIO I 3/4 DI 5.

$$\frac{3}{4} \times 5 = \frac{3}{4} \times \frac{5}{1} = \frac{3 \times 5}{4 \times 1} = \frac{15}{4}$$

$$\frac{\overset{2}{\cancel{14}}}{\underset{1}{\cancel{15}}} \times \frac{\overset{2}{\cancel{30}}}{\underset{1}{\cancel{7}}} = \frac{2 \times 2}{1 \times 1} = 4$$

IN QUESTO CASO È STATO SEMPLIFICATO IL 15 COL 30 E IL 14 COL 7.

NELLE MOLTIPLICAZIONI TRA FRAZIONI SI PUÒ SEMPLIFICARE, LADDOVE È POSSIBILE, IL NUMERATORE DI UNA FRAZIONE CON IL DENOMINATORE DELL'ALTRA.

$$\frac{7}{4} : \boxed{\frac{5}{6}} = \frac{7}{4} \times \boxed{\frac{6}{5}} = \frac{7 \times 6}{4 \times 5} = \frac{\cancel{42}^{21}}{\cancel{20}_{10}} = \frac{21}{10}$$

Il reciproco di $\frac{5}{6}$ è $\frac{6}{5}$

$$\frac{3}{2} : \boxed{\frac{1}{4}} = \frac{3}{2} \times \boxed{4} = \frac{3 \times 4}{2} = \frac{\cancel{12}^{6}}{\cancel{2}_{1}} = 6$$

Il reciproco di $\frac{1}{4}$ è $\frac{4}{1}$, cioè 4

$$\frac{1}{2} : \boxed{5} = \frac{1}{2} \times \boxed{\frac{1}{5}} = \frac{1 \times 1}{2 \times 5} = \frac{1}{10}$$

Il reciproco di 5 è $\frac{1}{5}$

Infatti $5 = \frac{5}{1}$

PER DIVIDERE DUE FRAZIONI TRA LORO È SUFFICIENTE MOLTIPLICARE LA PRIMA FRAZIONE PER IL RECIPROCO DELLA SECONDA.

DIVISIONE TRA FRAZIONI

Il reciproco di un numero a è un numero b che moltiplicato per a dà come risultato 1.

IL RECIPROCO DI UNA FRAZIONE SI OTTIENE INVERTENDO IL NUMERATORE CON IL DENOMINATORE.

$$\left(\frac{2}{3}\right)^2 = \frac{2^2}{3^2} = \frac{4}{9}$$

Per scrivere la potenza di una frazione è importante utilizzare le parentesi. Se, invece, scriviamo $\frac{2^2}{3}$ senza parentesi, vuol dire che dobbiamo elevare a 2 soltanto il numeratore:

$$\frac{2}{3}^2 = \frac{2^2}{3} = \frac{4}{3}$$

$$\left(\frac{2}{3}\right)^3 \times \left(\frac{2}{3}\right)^2 = \left(\frac{2}{3}\right)^{3+2} = \left(\frac{2}{3}\right)^5 = \frac{32}{243}$$

$$\left(\frac{2}{3}\right)^3 : \left(\frac{2}{3}\right)^2 = \left(\frac{2}{3}\right)^{3-2} = \left(\frac{2}{3}\right)^1 = \frac{2}{3}$$

$$\left(\frac{1}{2}\right)^2 \times \left(\frac{3}{2}\right)^2 = \left(\frac{1}{2} \times \frac{3}{2}\right)^2 = \left(\frac{3}{4}\right)^2 = \frac{9}{16}$$

$$\left(\frac{1}{2}\right)^2 : \left(\frac{4}{3}\right)^2 = \left(\frac{1}{2} \times \frac{3}{4}\right)^2 = \left(\frac{3}{8}\right)^2 = \frac{9}{64}$$

▪ stessa base

▫ stesso esponente

PROPRIETÀ DELLE POTENZE

ANCHE PER LE FRAZIONI VALGONO LE STESSE PROPRIETÀ DELLE POTENZE CHE ABBIAMO VISTO PER I NUMERI INTERI. RIVEDIAMOLE.

VADO A RIPASSARLE.

IN UN'ESPRESSIONE ARITMETICA IN CUI VI SONO FRAZIONI E/O NUMERI INTERI E IN CUI SONO PRESENTI TUTTI I TIPI DI OPERAZIONE E LE POTENZE, DEVI APPLICARE TUTTE LE REGOLE CHE ABBIAMO VISTO PER LE ESPRESSIONI CON I NUMERI INTERI E TUTTE LE REGOLE DELLE FRAZIONI. CONVIENE FARTI UN PO' DI RIPASSO PRIMA DI ANDARE AVANTI.

SÌ, VADO A RIVEDERMI I VARI PASSAGGI PER RISOLVERE UN'ESPRESSIONE. IN MATEMATICA OGNI ARGOMENTO È COLLEGATO AL SUCCESSIVO.

$$\underline{\left(\frac{2}{3}\right)^5 : \left(\frac{2}{3}\right)^3} + \frac{3}{4} \times \frac{1}{9} + \frac{5}{12} : \frac{10}{18} - 1 =$$

In quest'espressione sono presenti delle frazioni, un numero intero (1), delle potenze e tutti i tipi di operazione (addizione, sottrazione, moltiplicazione e divisione). Il primo passaggio da effettuare è quello di risolvere le potenze. In questo caso, possiamo notare che vi è una divisione di due potenze che hanno la stessa base e l'esponente diverso. Quindi possiamo scrivere una potenza che ha per base la stessa base e per esponente la differenza degli esponenti.

$$= \underline{\left(\frac{2}{3}\right)^2} + \frac{3}{4} \times \frac{1}{9} + \frac{5}{12} : \frac{10}{18} - 1 =$$

A questo punto possiamo calcolare la potenza.

$$= \frac{4}{9} + \frac{3}{4} \times \frac{1}{9} + \frac{5}{12} : \frac{\cancel{10}^5}{\cancel{18}_9} - 1 =$$

$$= \frac{4}{9} + \frac{\cancel{3}^1}{\cancel{36}_{12}} + \frac{5}{12} \times \frac{9}{5} - 1 =$$

$$= \frac{4}{9} + \frac{1}{12} + \frac{\cancel{5}^1}{\cancel{12}_4} \times \frac{\cancel{9}^3}{\cancel{5}_1} - 1 =$$

$$= \frac{4}{9} + \frac{1}{12} + \frac{3}{4} - 1 =$$

Una volta che tutte le potenze sono state svolte, possiamo procedere con le altre operazioni. Ricordiamo che le moltiplicazioni e le divisioni vanno svolte prima delle addizioni e sottrazioni. Quindi dobbiamo procedere con il calcolo della moltiplicazione 3/4 x 1/9 e della divisione 5/12 : 10/18. Per semplificare i calcoli, osserviamo che la frazione 10/18 può essere ridotta ai minimi termini, così come la frazione 3/36, e che per calcolare la divisione dobbiamo sostituire al segno di divisione quello di moltiplicazione e alla seconda frazione il suo reciproco. Osserviamo, infine, che 12 può essere semplificato con il 9, e anche i due 5 tra loro.

$$= \frac{16+3+27-36}{36} = \frac{\cancel{10}^5}{\cancel{36}_{18}} = \frac{5}{18}$$

Sono rimaste soltanto addizioni e sottrazioni. Quindi non ci resta che calcolare il minimo comune multiplo dei denominatori (in questo caso è 36) e successivamente dividerlo per i denominatori delle frazioni e moltiplicare il risultato per il loro numeratore, in modo da avere i termini da inserire al numeratore. Ricordiamo che il numero intero 1 può essere rappresentato come una frazione avente sia numeratore che denominatore pari a 1.

$$\left\{ \left[\left(\frac{1}{2} - \frac{1}{3} \right)^2 + \frac{3}{4} \times \frac{2}{9} \right] : \left(\frac{1}{2} \right)^2 \times \left(\frac{2}{3} \right)^2 \right\} + 2 =$$

$$= \left\{ \left[\left(\frac{3-2}{6} \right)^2 + \frac{3}{4} \times \frac{2}{9} \right] : \left(\frac{1}{2} \right)^2 \times \left(\frac{2}{3} \right)^2 \right\} + 2 =$$

In quest'espressione sono presenti delle frazioni, un numero intero (2), delle potenze e tutti i tipi di operazione (addizione, sottrazione, moltiplicazione e divisione). Sono presenti anche delle parentesi tonde, quadre e graffe. In questo caso le prime operazioni che dobbiamo svolgere sono quelle nelle parentesi tonde. In particolare, dobbiamo svolgere la sottrazione 1/2 - 1/3. Quindi calcoliamo il mcm dei denominatori (in questo caso 6) ed effettuiamo i calcoli che conosciamo. In questo modo abbiamo eliminato tutte le parentesi tonde (quelle rimaste servono semplicemente ad indicare che gli esponenti riguardano le intere frazioni e non solo il numeratore, come abbiamo visto in precedenza).

$$= \left\{ \left[\left(\frac{1}{6} \right)^2 + \frac{3}{4} \times \frac{2}{9} \right] : \left(\frac{1}{2} \right)^2 \times \left(\frac{2}{3} \right)^2 \right\} + 2 =$$

Effettuiamo i calcoli all'interno delle parentesi quadre. Qui abbiamo la potenza $(1/6)^2$, un'addizione e un prodotto. Le potenze hanno sempre la precedenza, per cui calcoliamo subito la potenza.

$$= \left\{ \left[\frac{1}{36} + \frac{3}{4} \times \frac{2}{9} \right] : \left(\frac{1}{2} \right)^2 \times \left(\frac{2}{3} \right)^2 \right\} + 2 =$$

$$= \left\{ \left[\frac{1}{36} + \frac{\overset{1}{3}}{\underset{2}{4}} \times \frac{\overset{1}{2}}{\underset{3}{9}} \right] : \left(\frac{1}{2} \right)^2 \times \left(\frac{2}{3} \right)^2 \right\} + 2 =$$

$$= \left\{ \left[\frac{1}{36} + \frac{1}{6} \right] : \left(\frac{1}{2} \right)^2 \times \left(\frac{2}{3} \right)^2 \right\} + 2 =$$

$$= \left\{ \left[\frac{1+6}{36} \right] : \left(\frac{1}{2} \right)^2 \times \left(\frac{2}{3} \right)^2 \right\} + 2 =$$

Ricordiamo che le moltiplicazioni e le divisioni vanno svolte prima delle addizioni e sottrazioni. Quindi il prossimo calcolo da effettuare all'interno delle parentesi quadre è il prodotto tra 3/4 e 2/9. Per semplificare i calcoli, notiamo che possiamo ridurre ai minimi termini il 2 con il 4 e il 3 con il 9. Infine calcoliamo l'addizione rimasta.

$$= \left\{ \frac{7}{36} : \left(\frac{1}{2} \right)^2 \times \left(\frac{2}{3} \right)^2 \right\} + 2 =$$

$$= \left\{ \frac{7}{36} \times (2)^2 \times \left(\frac{2}{3} \right)^2 \right\} + 2 =$$

$$= \left\{ \frac{7}{36} \times \overset{1}{4} \times \frac{4}{9} \right\} + 2 =$$

$$= \frac{28}{81} + 2 =$$

$$= \frac{28 + 162}{81} = \frac{190}{81}$$

A questo punto dobbiamo svolgere le operazioni tra le parentesi graffe. Qui abbiamo una divisione e una moltiplicazione. La divisione può essere trasformata in moltiplicazione sostituendo a ½ il suo reciproco. Dopodiché possiamo calcolare le potenze rimaste ed effettuare le opportune semplificazioni. Non ci resta che svolgere l'ultima addizione.

$$\frac{3}{5} > \frac{2}{5}$$

Le due frazioni hanno lo stesso denominatore. In questo caso la frazione maggiore è quella con il numeratore maggiore.

$$\frac{3}{5} > \frac{2}{7}$$

Le due frazioni hanno lo stesso numeratore. In questo caso la frazione maggiore è quella con il denominatore minore.

Le due frazioni hanno numeratori e denominatori diversi. In questo caso bisogna fare in modo che le due frazioni abbiano lo stesso denominatore, un po' come abbiamo visto per l'addizione e la sottrazione. Dopodiché si può procedere come nel primo caso.

$$\frac{9}{15} > \frac{2}{15}$$

$$\frac{3}{5} > \frac{2}{15}$$

Il minimo comune multiplo dei denominatori è 15. Quindi la seconda frazione, che ha 15 come denominatore, non la sostituiamo. La frazione 3/5, invece, può essere sostituita dalla frazione equivalente 9/15, ottenuta applicando la proprietà invariantiva, moltiplicando numeratore e denominatore per 3. In questo modo le due frazioni avranno lo stesso denominatore. E' facile osservare che la prima è maggiore della seconda, perché 9 è maggiore di 2. Quindi 3/5 è maggiore di 2/15.

WOW! IL BELLO DELLA MATEMATICA È CHE PER ARRIVARE ALLA SOLUZIONE BASTA RAGIONARCI UN PO' SU.

ESATTO! LE UNICHE COSE CHE DEVI IMPARARE A MEMORIA SONO LE TABELLINE, ALCUNE FORMULE E LE DEFINIZIONI, MA ANCHE PER QUESTE ULTIME BASTA USARE UN PO' DI LOGICA.

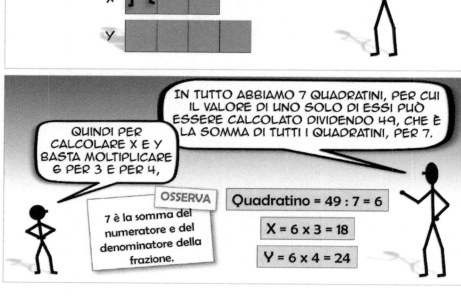

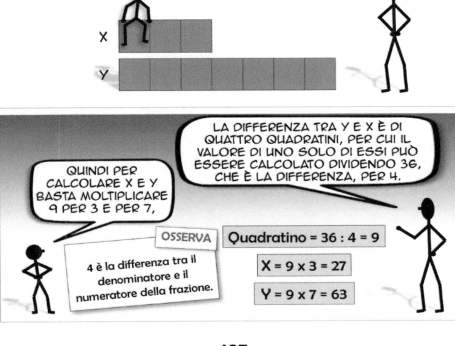

6

I NUMERI DECIMALI

Un numero decimale è un numero formato da due parti divise da una virgola: la parte a sinistra della virgola viene detta parte intera; la parte a destra della virgola viene detta parte decimale.

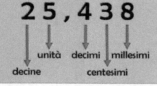

parte intera	parte decimale

2 5 , 4 3 8	2 3 , 4 1
decine unità decimi millesimi centesimi	decine unità decimi centesimi
si legge «25 e 438 millesimi»	si legge «23 e 41 centesimi»
Il numero è formato da 5 unità, 2 decine, 4 decimi, 3 centesimi e 8 millesimi.	Il numero è formato da 3 unità, 2 decine, 4 decimi e 1 centesimo.

1 unità = 10 decimi	1 decimo = 0,1 unità
1 decimo = 10 centesimi	1 centesimo = 0,01 unità
1 centesimo = 10 millesimi	1 millesimo = 0,001 unità

Per la parte intera, come abbiamo già visto in un altro capitolo, si parte dalla cifra di destra, che rappresenta il numero di unità, e si procede verso sinistra con le decine, le centinaia, e così via. Per la parte decimale, invece, si parte dalla cifra di sinistra, che rappresenta i decimi, e si procede verso destra con i centesimi e i millesimi.

Se i due numeri hanno la parte intera diversa, sarà più grande il numero che ha la parte intera maggiore:

23,43 > 19,43

(perché 23 > 19)

Se i due numeri hanno la stessa parte intera, si confrontano le cifre della parte decimale a partire da quella più vicina alla virgola. Appena si incontrano, nella stessa posizione, due cifre diverse, allora a quella più grande corrisponderà il numero più grande:

12,246 > 12,236

(perché la seconda cifra decimale del primo numero è maggiore della seconda cifra decimale del secondo numero)

25,182 > 25,181

(perché la terza cifra decimale del primo numero è maggiore della terza cifra decimale del secondo numero)

OSSERVA

25,6 = 25,60 = 25,600
13,2 = 13,20 = 13,200

ATTENTO!

Il numero 26,623 è minore del numero 26,64, anche se ha un numero di cifre decimali maggiore. Infatti, seguendo la regola sopra, i due numeri hanno la parte intera e la cifra dei decimi uguale. La cifra dei centesimi, invece, nel primo numero è 2, mentre nel secondo numero è 4.

- Disegniamo una semiretta orientata come quella in figura;

- disegniamo un segmento u a piacere, che considereremo come unità di misura, e a partire dal punto iniziale della semiretta riportiamo questo segmento su di essa quante volte vogliamo, aggiungendo ai vari trattini i numeri naturali a partire da zero, via via crescenti procedendo verso destra.

- Dividiamo ciascun segmento ottenuto in dieci parti, ottenendo i decimi.

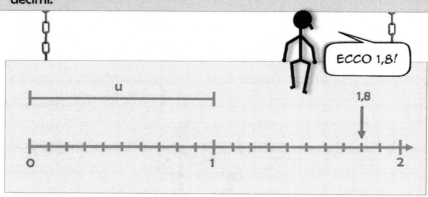

ECCO 1,8!

PER RAPPRESENTARE I NUMERI DECIMALI CON UNA SOLA CIFRA DECIMALE SU UNA SEMIRETTA ORIENTATA, SI PUÒ SEGUIRE QUESTA SEMPLICE PROCEDURA.

OSSERVA

E' quello che facciamo quando andiamo a leggere la nostra temperatura corporea sul termometro.

- Disegniamo una semiretta orientata come quella in figura;

- disegniamo un segmento u a piacere, che considereremo come unità di misura, e a partire dal punto iniziale della semiretta riportiamo questo segmento su di essa quante volte vogliamo, aggiungendo ai vari trattini i numeri naturali a partire da zero, via via crescenti procedendo verso destra.

- Dividiamo ciascun segmento ottenuto in cento parti, ottenendo i centesimi.

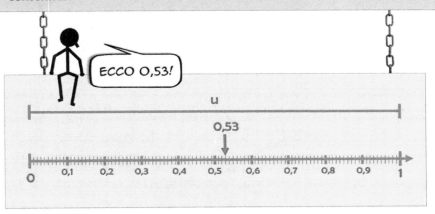

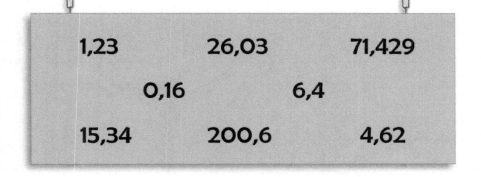

Numeri decimali illimitati periodici semplici

Un numero decimale viene detto illimitato periodico semplice quando subito dopo la virgola vi è una cifra o un gruppo di cifre che si ripete all'infinito, che viene detto periodo e si indica con una lineetta sopra il periodo.

IN QUESTO CASO IL GRUPPO DI CIFRE CHE SI RIPETE È 63, MA SUBITO DOPO LA VIRGOLA C'È UNA CIFRA CHE NON SI RIPETE, IL 4.

IN QUESTO CASO LA CIFRA 4 VIENE DETTA *ANTIPERIODO*, PERCHÉ È SITUATA PRIMA DEL PERIODO.

METTERÒ UNA LINEETTA SOLTANTO SU 63.

BRAVO!

Numeri decimali illimitati periodici misti

Un numero decimale viene detto illimitato periodico misto quando dopo la virgola vi è una cifra o un gruppo di cifre che non si ripete, detto antiperiodo, seguita dal periodo.

120

$$4,5 = \frac{45}{10} \qquad 2,34 = \frac{234}{100} \qquad 56,341 = \frac{56341}{1000}$$

Per trasformare un numero decimale limitato nella sua frazione generatrice, bisogna scrivere al numeratore il numero senza la virgola e al denominatore 1 seguito da tanti zeri quante sono le cifre decimali.

$$4,\overline{5} = \frac{45 - 4}{9} = \frac{41}{9} \qquad 4,\overline{25} = \frac{425 - 4}{99} = \frac{421}{99}$$

$$4,2\overline{5} = \frac{425 - 42}{90} = \frac{383}{90} \qquad 4,23\overline{5} = \frac{4235 - 423}{900} = \frac{3812}{900}$$

Per trasformare un numero decimale illimitato periodico nella sua frazione generatrice, bisogna scrivere al numeratore il numero senza la virgola meno il numero senza il periodo, e al denominatore tanti 9 quante sono le cifre del periodo, seguiti, nel caso in cui vi fosse l'antiperiodo, da tanti zeri quante sono le cifre che lo compongono.

PUOI FARE LA PROVA CON LA CALCOLATRICE. SE, PER ESEMPIO, PROVI A DIVIDERE 3812 PER 900, COME RISULTATO AVRAI QUESTO NUMERO.

WOW!

4.23555555

OSSERVA

Tutti i numeri decimali illimitati che non hanno una cifra o un gruppo di cifre che si ripete all'infinito, quindi non periodici, non possono essere trasformati in frazione. Per questo vengono detti numeri irrazionali. Esempio:

3,4396123859...

122

$$3,\overline{9} - 1,4 + 1,8\overline{9} =$$

Il primo numero è decimale illimitato periodico semplice; il secondo è decimale limitato; il terzo è decimale illimitato periodico misto. Possiamo trasformarli nella loro frazione generatrice con le regole che abbiamo visto.

$$= \frac{39-3}{9} - \frac{14}{10} + \frac{189-18}{90} =$$

$$= \frac{\overset{4}{\cancel{36}}}{\underset{1}{\cancel{9}}} - \frac{7}{5} + \frac{\overset{19}{\cancel{171}}}{\underset{10}{\cancel{90}}} =$$

$$= 4 - \frac{7}{5} + \frac{19}{10} =$$

Svolgiamo i vari calcoli ai numeratori ed effettuiamo le opportune semplificazioni. Infine svolgiamo la somma aritmetica tra 4, 7/5 e 19/10.

$$= \frac{40-14+19}{10} =$$

$$= \frac{\overset{9}{\cancel{45}}}{\underset{2}{\cancel{10}}} =$$

$$= \frac{9}{2}$$

CONTINUO A PENSARE CHE LE FRAZIONI SIANO UTILISSIME!

124

LA RADICE QUADRATA

7

Quadrato perfetto

Si dice quadrato perfetto un numero naturale che è il quadrato di un altro numero naturale (es.: 16 è il quadrato perfetto di 4, mentre 8 non è un quadrato perfetto, perché non esiste nessun numero naturale il cui quadrato è 8).

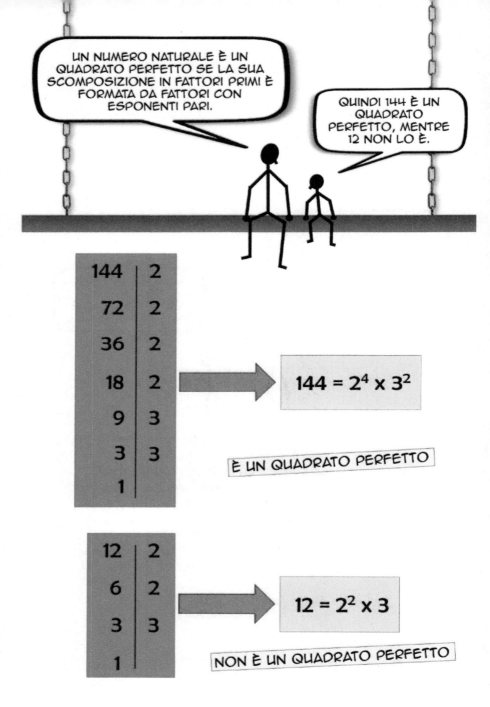

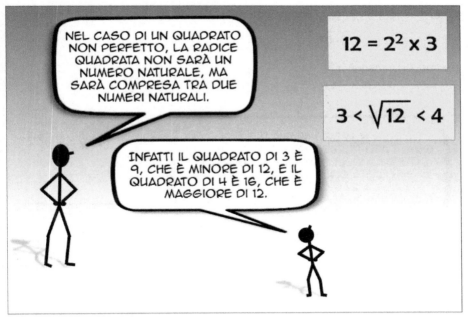

Radice quadrata di un quadrato perfetto

Per calcolare la radice quadrata di un quadrato perfetto bisogna dimezzare gli esponenti dei fattori primi ed effettuare la moltiplicazione così come è scritta.

n	n^2	n^3	$\sqrt{n}$	$\sqrt[3]{n}$
1	1	1	1,0000	1,0000
2	4	8	1,4142	1,2599
3	9	27	1,7321	1,4422
4	16	64	2,0000	1,5874
5	25	125	2,2361	1,7100
6	36	216	2,4495	1,8171
7	49	343	2,6458	1,9129
8	64	512	2,8284	2,0000
9	81	729	3,0000	2,0801
10	100	1 000	3,1623	2,1544

SE UN NUMERO NATURALE È UN QUADRATO PERFETTO SI TROVA NELLA COLONNA DELLE TAVOLE NUMERICHE INDICATA CON IL SIMBOLO N². LA SUA RADICE QUADRATA È IL CORRISPONDENTE NUMERO NELLA COLONNA CON IL SIMBOLO N.

ANDRÒ A STUDIARMI UN PO' LE TAVOLE NUMERICHE.

PER FINIRE, ANDIAMO A VEDERE DUE IMPORTANTI PROPRIETÀ DELLA RADICE QUADRATA.

PROPRIETÀ DELLA RADICE QUADRATA

$$\sqrt{25} \times \sqrt{16} = \sqrt{25 \times 16} = \sqrt{400} = 20$$

Il prodotto di due radici quadrate è uguale alla radice quadrata del prodotto.

$$\frac{\sqrt{36}}{\sqrt{4}} = \sqrt{\frac{36}{4}} = \sqrt{9} = 3$$

Il quoziente di due radici quadrate è uguale alla radice quadrata del quoziente.

8

LE PROPORZIONI

Proporzione

Una proporzione è l'uguaglianza tra due rapporti

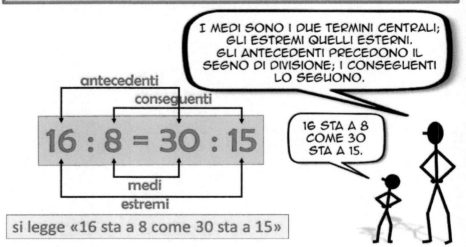

si legge «16 sta a 8 come 30 sta a 15»

Esempi	
12 : 4 = 9 : 3	4 x 9 = 36; 12 x 3 = 36
36 : 9 = 20 : 5	9 x 20 = 180; 36 x 5 = 180

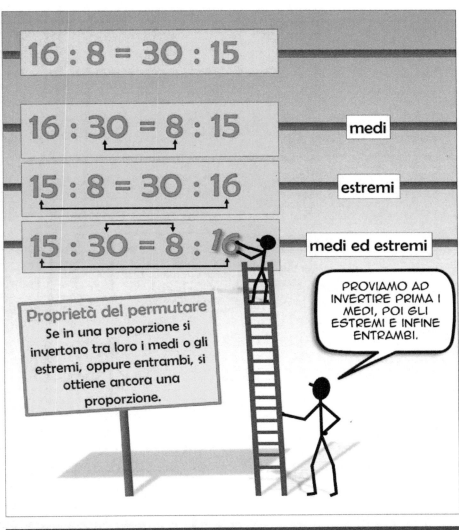

$$16 : 8 = 30 : 15$$

$$(16+8) : 16 = (30+15) : 30$$

$$(16+8) : 8 = (30+15) : 15$$

Proprietà del comporre
In una proporzione la somma del primo e del secondo termine sta al primo (o al secondo) come la somma del terzo e del quarto termine sta al terzo (o al quarto).

È PIÙ DIFFICILE DARE LA DEFINIZIONE CHE METTERLA IN PRATICA.

16+8   30+15
$$24 : 16 = 45 : 30$$
16 x 45 = 720;   24 x 30 = 720

PER ENTRAMBE LE UGUAGLIANZE È RISPETTATA LA PROPRIETÀ FONDAMENTALE. QUINDI SONO DUE PROPORZIONI.

16+8   30+15
$$24 : 8 = 45 : 15$$
24 x 15 = 360;   8 x 45 = 360

PERFETTO!

$$16 : 8 = 30 : 15$$

$$(16-8) : 16 = (30-15) : 30$$

$$(16-8) : 8 = (30-15) : 15$$

Proprietà dello scomporre

In una proporzione la differenza tra il primo e il secondo termine sta al primo (o al secondo) come la differenza tra il terzo e il quarto termine sta al terzo (o al quarto).

> PRATICAMENTE BASTA SOSTITUIRE AL SEGNO «PIÙ» IL SEGNO «MENO».

16-8   30-15

$$8 : 16 = 15 : 30$$

16 x 15 = 240;   8 x 30 = 240

> OVVIAMENTE LA PROPRIETÀ DELLO SCOMPORRE PUÒ ESSERE APPLICATA SOLO SE GLI ANTECEDENTI SONO MAGGIORI DEI PROPRI CONSEGUENTI.

16-8   30-15

$$8 : 8 = 15 : 15$$

8 x 15 = 120;   8 x 15 = 120

> E' VERO! ALTRIMENTI NON SI POTREBBE EFFETTUARE LA SOTTRAZIONE.

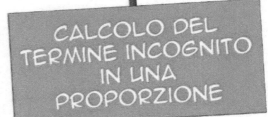

A VOLTE PUÒ CAPITARE DI CONOSCERE SOLTANTO IL VALORE DI TRE TERMINI DELLA PROPORZIONE E DI DOVER CALCOLARE IL VALORE DEL QUARTO.

SONO CURIOSO DI CONOSCERE IL PROCEDIMENTO DA SEGUIRE.

L'incognita è uno dei medi

$$24 : 6 = x : 5$$

Se il termine incognito è uno dei medi, il suo valore si calcola moltiplicando tra loro i due estremi e dividendo il risultato per il medio noto:

$$x = \frac{24 \times 5}{6} = 20$$

L'incognita è uno degli estremi

$$x : 8 = 15 : 3$$

Se il termine incognito è uno degli estremi, il suo valore si calcola moltiplicando tra loro i due medi e dividendo il risultato per l'estremo noto:

$$x = \frac{8 \times 15}{3} = 40$$

18 : x = x : 2

$$x \cdot x = 18 \cdot 2 = 36$$

$$x^2 = 18 \cdot 2 = 36$$

$$x = \sqrt{36} = 6$$

OSSERVA

Abbiamo sostituito il segno di moltiplicazione x con un puntino, in modo da non confonderlo con l'incognita x.

SAI BENE CHE IL PRODOTTO DEI MEDI DEVE ESSERE UGUALE AL PRODOTTO DEGLI ESTREMI.

L'UNICO NUMERO CHE MOLTIPLICATO PER SE STESSO DÀ 36 È 6.

BRAVO! PRATICAMENTE DEVI CALCOLARE LA RADICE QUADRATA DI 36.

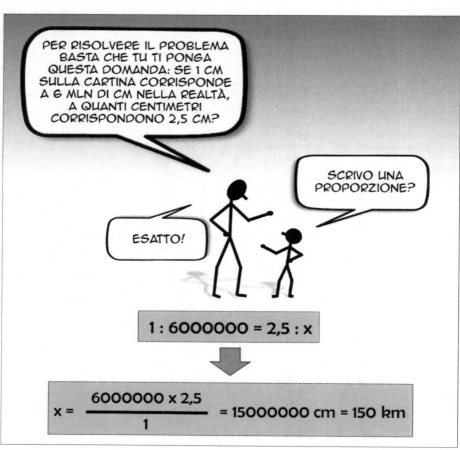

SAPENDO CHE DUE CITTÀ DISTANO 170 KM E CHE IL RAPPORTO IN SCALA DI UNA CARTINA GEOGRAFICA È 1 : 3000000, QUANTO DISTANO LE DUE CITTÀ SU QUEST'ULTIMA?

CONVIENE TRASFORMARE LA DISTANZA DA CHILOMETRI A CENTIMETRI, PERCHÉ SULLA CARTINA GEOGRAFICA SI FA RIFERIMENTO A QUESTI ULTIMI.

170 km = 17000000 cm

1 : 3000000 = x : 17000000

$$x = \frac{1 \times 17000000}{3000000} = 5,67 \text{ cm}$$

DUE CITTÀ DISTANO 750 KM NELLA REALTÀ E 2 CM SULLA CARTA. QUAL È IL RAPPORTO IN SCALA?

750 km = 75000000 cm

1 : x = 2 : 75000000

$$x = \frac{1 \times 75000000}{2} = 37500000$$

Scala = 1 : 37500000

$$20 : 100 = x : 74$$

$$x = \frac{20 \times 74}{100} = 14,80 \text{ €}$$

OSSERVA

14,80 sono gli euro che bisogna sottrarre al prezzo di partenza per ottenere il prezzo scontato.

Prezzo scontato = 74 − 14,80 = 59,20 €

57,40 : 82 = x : 100

$$x = \frac{57,40 \times 100}{82} = 70\%$$

OSSERVA

Se si paga il 70% si risparmia il 30%.

Percentuale di sconto = 100 − 70 = 30%

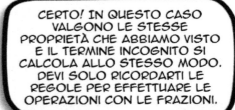

$$\frac{2}{5} : \frac{4}{15} = \frac{3}{4} : \frac{1}{2}$$

ECCO UN ESEMPIO. POSSIAMO FACILMENTE VERIFICARE SE LA PROPRIETÀ FONDAMENTALE VIENE RISPETTATA.

IL PRODOTTO DEI MEDI DEVE ESSERE UGUALE AL PRODOTTO DEGLI ESTREMI.

LA PROPRIETÀ FONDAMENTALE È RISPETTATA, QUINDI È UNA PROPORZIONE.

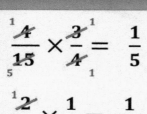

VISTO QUANTO SONO UTILI LE PROPORZIONI?

SONO AFFASCINATO DA QUESTO ARGOMENTO!

9

GRANDEZZE DIRETTAMENTE E INVERSAMENTE PROPORZIONALI

TI SARÀ CAPITATO DI NOTARE CHE A VOLTE DUE GRANDEZZE SONO COLLEGATE TRA LORO E IL LORO RAPPORTO ASSUME SEMPRE LO STESSO VALORE, CIOÈ È COSTANTE.

PUOI FARMI QUALCHE ESEMPIO?

Grandezza
Nel linguaggio scientifico si chiama grandezza tutto ciò che può essere misurato (il perimetro o l'area di una figura geometrica, la temperatura o il peso di un oggetto, ecc.).

SÌ.

CONSIDERIAMO, AD ESEMPIO, UN QUADRATO. TU SAI CHE IL SUO PERIMETRO SI CALCOLA MOLTIPLICANDO PER 4 LA MISURA DEL SUO LATO.

$$P = l \times 4$$

VEDIAMO COME VARIA IL PERIMETRO AL VARIARE DELLA LUNGHEZZA DEL LATO.

OK.

ℓ	$\mathcal{P}$
1	4
2	8
3	12
4	16

OSSERVA

Le misure del lato inserite in tabella sono arbitrarie (sono scelte da noi), mentre quelle del perimetro dipendono dalle prime. Per rendere i calcoli più semplici si consiglia di scegliere delle misure piccole (nel nostro caso sono state scelte quelle che vanno da 1 a 4).

GUARDA BENE QUESTA TABELLA. NELLA PRIMA COLONNA SONO INSERITE QUATTRO DIVERSE MISURE DEL LATO (DA 1 A 4); NELLA SECONDA COLONNA LE MISURE VIA VIA ASSUNTE DAL PERIMETRO.

SE RADDOPPIA IL LATO RADDOPPIA ANCHE IL PERIMETRO.

ESATTO.

IL RAPPORTO TRA IL PERIMETRO E IL LATO È SEMPRE UGUALE A 4, CIOÈ È COSTANTE. SI DICE IN TAL CASO CHE LE DUE GRANDEZZE SONO *DIRETTAMENTE PROPORZIONALI*.

$$\frac{4}{1} = \frac{8}{2} = \frac{12}{3} = \frac{16}{4} = 4$$

Grandezze direttamente proporzionali
Due grandezze y e x si dicono direttamente proporzionali quando il loro rapporto è costante (y/x = cost).

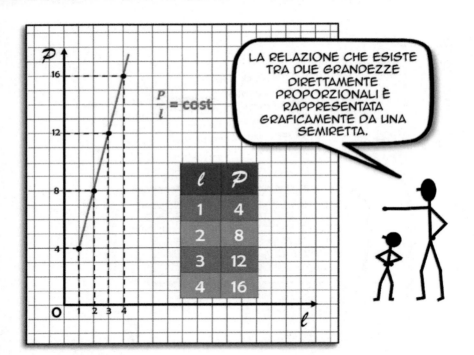

LA RELAZIONE CHE ESISTE TRA DUE GRANDEZZE DIRETTAMENTE PROPORZIONALI È RAPPRESENTATA GRAFICAMENTE DA UNA SEMIRETTA.

$$\frac{P}{l} = \text{cost}$$

l	P
1	4
2	8
3	12
4	16

OSSERVA

L'origine della semiretta è l'origine delle due semirette orientate e corrisponde al caso in cui il lato del quadrato si riduce ad un punto (lunghezza pari a zero).

I dati in tabella possono anche essere rappresentati graficamente in un sistema di assi cartesiani, costituiti da una semiretta orientata orizzontale, su cui vengono inserite le misure del lato, e da una semiretta orientata verticale, avente l'origine in comune con l'altra, su cui vengono inserite le misure del perimetro. Incrociando i valori corrispondenti (1-4, 2-8, 3-12 e 4-16) si ottengono quattro punti, unendo i quali si ottiene una semiretta.

ORA MI È CHIARO TUTTO.

Grandezze inversamente proporzionali

Due grandezze y e x si dicono inversamente proporzionali quando il loro prodotto è costante (y·x = cost).

b	h
1	12
2	6
3	4
4	3
6	2
12	1

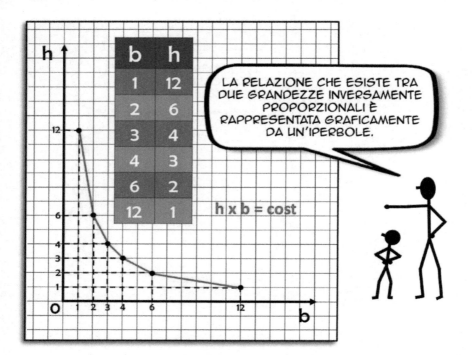

LA RELAZIONE CHE ESISTE TRA DUE GRANDEZZE INVERSAMENTE PROPORZIONALI È RAPPRESENTATA GRAFICAMENTE DA UN'IPERBOLE.

b	h
1	12
2	6
3	4
4	3
6	2
12	1

$h \times b = \text{cost}$

OSSERVA

Le coppie «base-altezza» il cui prodotto è uguale a 12 cm² sono infinite, per cui l'iperbole non ha né un inizio né una fine.

DALLA FORMA DEL GRAFICO POTRÒ CAPIRE SE SI TRATTA DI GRANDEZZE DIRETTAMENTE O INVERSAMENTE PROPORZIONALI.

I dati in tabella possono anche essere rappresentati graficamente in un sistema di assi cartesiani, costituiti da una semiretta orientata orizzontale, su cui vengono inserite le misure della base, e da una semiretta orientata verticale, avente l'origine in comune con l'altra, su cui vengono inserite le misure dell'altezza. Incrociando i valori corrispondenti (1-12, 2-6, 3-4, 4-3, 6-2 e 12-1) si ottengono sei punti, unendo i quali si ottiene un'iperbole.

6 OPERAI, PER COSTRUIRE UN'OPERA IN CEMENTO, HANNO IMPIEGATO 10 GIORNI. QUANTI OPERAI SAREBBERO OCCORSI PER REALIZZARE LO STESSO LAVORO IN 2 GIORNI?

PER RISOLVERE QUESTO PROBLEMA CONVIENE INNANZITUTTO COSTRUIRE UNA SEMPLICE TABELLA.

Numero di operai	Numero di giorni
6	10
x	2

NELLA PRIMA COLONNA INSERIAMO IL NUMERO DI OPERAI; NELLA SECONDA IL NUMERO DI GIORNI CORRISPONDENTI. CON X INDICHIAMO IL NUMERO DI OPERAI CHE DOBBIAMO CALCOLARE, CIOÈ LA NOSTRA INCOGNITA.

NON CAPISCO COSA INDICANO LE DUE FRECCE ROSSE.

Numero di operai	Numero di giorni
6	10
x	2

LE FRECCE INDICANO IL VERSO IN CUI AUMENTANO I VALORI INSERITI NELLE DUE COLONNE. IL NUMERO DI GIORNI AUMENTA DAL BASSO VERSO L'ALTO, PASSANDO DA 2 A 10. IL NUMERO DI OPERAI, INVECE, AUMENTERÀ AL CONTRARIO, PERCHÉ SE I GIORNI DIMINUISCONO VUOL DIRE CHE SARANNO IMPIEGATI PIÙ OPERAI, E VICEVERSA.

VUOI DIRE CHE LE DUE GRANDEZZE SONO *INVERSAMENTE PROPORZIONALI?*

BRAVO! SEI MOLTO ATTENTO.

Numero di operai	Numero di giorni
6	10
x	2

IL VERSO DELLE FRECCE CI CONSENTE DI SCRIVERE UNA SEMPLICE PROPORZIONE, CHE CI PERMETTERÀ DI CALCOLARE LA NOSTRA INCOGNITA. PROVA INFATTI A SCRIVERE UNA PROPORZIONE CON I QUATTRO VALORI IN TABELLA, SEGUENDO IL VERSO DELLE FRECCE.

SE SEGUO LE FRECCE... ...MUMBLE ...MUMBLE... MI VIENE DA DIRE... 6 STA A X COME 2 STA A 10.

SEI PROPRIO UN CAMPIONE!

165

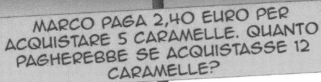

MARCO PAGA 2,40 EURO PER ACQUISTARE 5 CARAMELLE. QUANTO PAGHEREBBE SE ACQUISTASSE 12 CARAMELLE?

Numero di caramelle	Euro
5	2,40
12	x

IN QUESTO CASO LE DUE FRECCE HANNO LO STESSO VERSO, PERCHÉ SE AUMENTA IL NUMERO DI CARAMELLE AUMENTERANNO ANCHE GLI EURO DA PAGARE.

SE SEGUO LE FRECCE, LA PROPORZIONE CHE MI VIENE IN MENTE È: 5 STA A 12 COME 2,40 STA A X.

10

I NUMERI RELATIVI

I GRADI CENTIGRADI DI UN TERMOMETRO NON PARTONO DA ZERO, COME I NUMERI NATURALI, MA POSSONO ASSUMERE, COME BEN SAI, ANCHE VALORI SOTTO LO ZERO. QUINDI È IMPORTANTE INTRODURRE UN ALTRO IMPORTANTE ARGOMENTO: I *NUMERI RELATIVI*.

QUELLI CHE VEDI SONO TUTTI ESEMPI DI NUMERI RELATIVI. SONO FORMATI DA UNA PARTE NUMERICA, DETTA VALORE ASSOLUTO, PRECEDUTA DA UN SEGNO, POSITIVO O NEGATIVO, O DA NESSUN SEGNO NEL CASO DELLO ZERO.

Numeri relativi negativi

Hanno il segno negativo che precede il valore assoluto. Sono minori di zero.

Numeri relativi positivi

Hanno il segno positivo che precede il valore assoluto. Sono maggiori di zero.

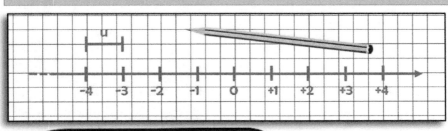

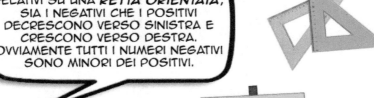

SE RAPPRESENTIAMO I NUMERI RELATIVI SU UNA *RETTA ORIENTATA*, SIA I NEGATIVI CHE I POSITIVI DECRESCONO VERSO SINISTRA E CRESCONO VERSO DESTRA. OVVIAMENTE TUTTI I NUMERI NEGATIVI SONO MINORI DEI POSITIVI.

-4 < -2
-3 < +1
+1 < +2

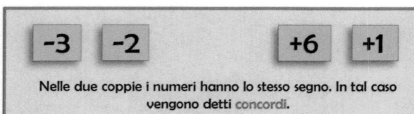

Nelle due coppie i numeri hanno lo stesso segno. In tal caso vengono detti concordi.

I due numeri hanno segno diverso. In tal caso vengono detti discordi.

I due numeri hanno lo stesso valore assoluto, ma segno diverso. In tal caso vengono detti opposti.

ECCO UN PO' DI TERMINI.

L'OPPOSTO DI −7 È +7.

OPERAZIONI CON I NUMERI RELATIVI

ANDIAMO ORA A VEDERE COME SI EFFETTUANO LE OPERAZIONI CON I NUMERI RELATIVI.

SONO CURIOSO.

173

174

Addizione di due numeri concordi

$$(+3) + (+1) = +4$$

$$(-1) + (-2) = -3$$

L'addizione di due addendi concordi darà come risultato un numero relativo il cui segno sarà lo stesso degli addendi e il cui valore assoluto sarà dato dalla somma dei valori assoluti.

Addizione di due numeri discordi

$$(-3) + (+6) = +3$$

$$(+4) + (-7) = -3$$

L'addizione di due addendi discordi darà come risultato un numero relativo il cui segno sarà quello dell'addendo che ha il valore assoluto maggiore e il cui valore assoluto sarà dato dalla differenza dei valori assoluti.

SE GLI ADDENDI SONO CONCORDI SI SOMMANO I VALORI ASSOLUTI, ALTRIMENTI SI SOTTRAGGONO.

SE I NUMERI SONO CONCORDI IL RISULTATO AVRÀ LO STESSO SEGNO DEGLI ADDENDI. SE SONO DISCORDI IL SEGNO SARÀ QUELLO DELL'ADDENDO CHE HA IL VALORE ASSOLUTO MAGGIORE.

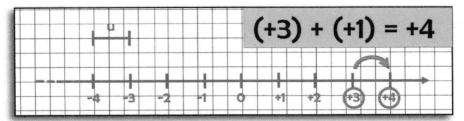

(+3) + (+1) = +4

Partendo da +3 bisogna compiere 1 salto «in avanti» (il segno del secondo addendo è positivo).

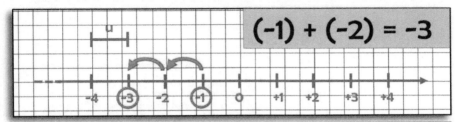

(-1) + (-2) = -3

Partendo da -1 bisogna compiere 2 salti «indietro» (il segno del secondo addendo è negativo).

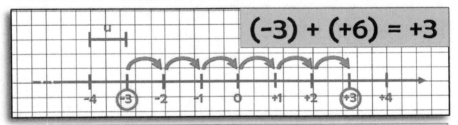

(-3) + (+6) = +3

Partendo da -3 bisogna compiere 6 salti «in avanti» (il segno del secondo addendo è positivo).

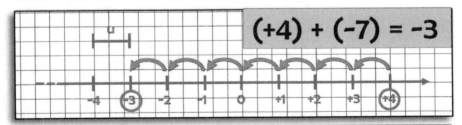

(+4) + (-7) = -3

Partendo da +4 bisogna compiere 7 salti «indietro» (il segno del secondo addendo è negativo).

Sottrazione di numeri relativi

$$(-12) - (-19) = (-12) + (+19) = +7$$

$$(+3) - (-5) = (+3) + (+5) = +8$$

Il segno negativo davanti al secondo addendo diventa positivo e «trasforma» il secondo addendo nel suo opposto. A questo punto la sottrazione diventa un'addizione, che segue le regole viste in precedenza.

RISPETTO ALL'ADDIZIONE C'È UN PASSAGGIO IN PIÙ, PERCHÉ IN QUESTO CASO LA SOTTRAZIONE DIVENTA ADDIZIONE E IL SECONDO ADDENDO CAMBIA SEGNO.

CREDEVO FOSSE DIFFICILE, INVECE...

ORA CHE HAI COMPRESO LA SOTTRAZIONE, PASSIAMO ALLA MOLTIPLICAZIONE. IN TAL CASO BISOGNA SEGUIRE LA *REGOLA DEI SEGNI*.

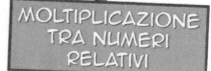

MOLTIPLICAZIONE TRA NUMERI RELATIVI

Moltiplicazione tra numeri relativi

Per moltiplicare tra loro due numeri relativi bisogna moltiplicare i due valori assoluti e scegliere il segno in base alla regola dei segni.

INCROCIANDO I SEGNI DEI DUE NUMERI CHE STIAMO MOLTIPLICANDO OTTENIAMO IL SEGNO DEL RISULTATO.

OSSERVA

Se i segni dei due fattori sono uguali il risultato sarà positivo. Negli altri casi sarà negativo.

REGOLA DEI SEGNI

	+	-
+	+	-
-	-	+

COME NELLA BATTAGLIA NAVALE!

$$(+3) \times (+2) = +6$$

$$(-5) \times (-4) = +20$$

$$(+6) \times (-2) = -12$$

Per dividere un numero relativo per un altro bisogna dividere il valore assoluto del primo per il secondo e scegliere il segno in base alla regola dei segni.

ANCHE PER LA DIVISIONE VALE LA REGOLA DEI SEGNI. STAVOLTA, PERÒ, VA DIVISO IL VALORE ASSOLUTO DEL PRIMO NUMERO PER IL SECONDO.

CAPISCO.

$$(+8) : (+2) = +4$$

$$(-12) : (-4) = +3$$

$$(+24) : (-3) = -8$$

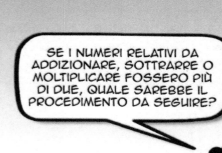

SE I NUMERI RELATIVI DA ADDIZIONARE, SOTTRARRE O MOLTIPLICARE FOSSERO PIÙ DI DUE, QUALE SAREBBE IL PROCEDIMENTO DA SEGUIRE?

DEVI RICORDARTI CHE IN QUESTO CASO LE OPERAZIONI VANNO SVOLTE A DUE A DUE, PROCEDENDO DA SINISTRA A DESTRA.

$$(+2) \times (-3) \times (+4) =$$
$$= (-6) \times (+4) =$$
$$= -24$$

$$(-2) + (+5) + (-6) + (-1) =$$
$$= (+3) + (-6) + (-1) =$$
$$= (-3) + (-1) =$$
$$= -4$$

$$(+4) - (-7) - (+9) =$$
$$= (+4) + (+7) + (-9) =$$
$$= (+11) + (-9) =$$
$$= +2$$

> **OSSERVA**
>
> Pima di procedere con i calcoli, abbiamo sostituito ai segni di sottrazione quelli di addizione e abbiamo cambiato il segno ai numeri che li seguono.

$$(+3)^2 = (+3) \times (+3) = +9$$

$$(-3)^2 = (-3) \times (-3) = +9$$

Esponente pari

$$(+3)^3 = \underline{(+3) \times (+3)} \times (+3) =$$
$$= (+9) \times (+3) =$$
$$= +27$$

$$(-3)^3 = \underline{(-3) \times (-3)} \times (-3) =$$
$$= (+9) \times (-3) =$$
$$= -27$$

Esponente dispari

COME VEDI, È TUTTO DIMOSTRATO IN QUESTI POCHI PASSAGGI.

INTERESSANTE!

BADA BENE CHE LE PROPRIETÀ DELLE POTENZE VALGONO ANCHE PER I NUMERI RELATIVI.

DEVO ANDARE A RIGUARDARLE.

A VOLTE PUÒ CAPITARTI DI TROVARE DELLE POTENZE IN CUI L'ESPONENTE È NEGATIVO. NON PREOCCUPARTI, È PIÙ FACILE DI QUANTO TU POSSA IMMAGINARE.

$$\left(+\frac{2}{3}\right)^{-2} = \left(+\frac{3}{2}\right)^{2} = +\frac{9}{4}$$

NON DEVI FARE ALTRO CHE INVERTIRE IL NUMERATORE E IL DENOMINATORE DELLA FRAZIONE (CIOÈ SCRIVERE IL SUO RECIPROCO) E CAMBIARE IL SEGNO DELL'ESPONENTE. DOPODICHÉ NON TI RESTA CHE SVOLGERE LA POTENZA.

186

$$\left(+\frac{2}{3}\right) + \left(-\frac{4}{5}\right) = \frac{(+10) + (-12)}{15} = -\frac{2}{15}$$

IN QUESTO CASO DEVI RICORDARTI CHE PER EFFETTUARE L'ADDIZIONE DI DUE FRAZIONI BISOGNA CALCOLARE IL MINIMO COMUNE MULTIPLO DEI DENOMINATORI ED EFFETTUARE GLI OPPORTUNI CALCOLI. IN PIÙ, DEVI SEGUIRE LE REGOLE DEI SEGNI.

SE FOSSE STATA UNA SOTTRAZIONE AVREI DOVUTO «TRASFORMARLA» IN ADDIZIONE E AVREI DOVUTO CAMBIARE IL SEGNO A –4/5?

BRAVISSIMO!

$$\left(+\frac{2}{3}\right) \times \left(-\frac{4}{5}\right) = -\frac{8}{15}$$

IN QUESTO CASO DEVI MOLTIPLICARE TRA LORO I NUMERATORI E I DENOMINATORI E DEVI APPLICARE LA REGOLA DEI SEGNI.

SE FOSSE STATA UNA DIVISIONE AVREI DOVUTO SCRIVERE AL POSTO DI –4/5 IL SUO RECIPROCO –5/4 E AVREI DOVUTO SOSTITUIRE IL SEGNO DI DIVISIONE CON QUELLO DI MOLTIPLICAZIONE?

ESATTO. E ANCHE PER LA DIVISIONE VALE LA REGOLA DEI SEGNI.

$[(\underline{-3 - 6}) \times (-2)] + [+8 : (-2) + 5] \times (-3) =$ **RICORDA** Scrivere -3-6 equivale a scrivere (-3) + (-6)	In questa espressione abbiamo la presenza di parentesi. Bisogna risolvere le operazioni in quelle tonde e procedere poi con le quadre. L'unica operazione che abbiamo in parentesi tonda è (-3-6). Svolgiamola.
$= [(\underline{-9) \times (-2)}] + [\underline{+8 : (-2)} + 5] \times (-3) =$	Passiamo ora alle operazioni nelle parentesi quadre. Le prime che dobbiamo risolvere sono (-9) x (-2) e +8 : (-2), perché le moltiplicazioni e le divisioni vanno svolte prima delle addizioni e sottrazioni.
$= +18 + [\underline{-4 + 5}] \times (-3) =$	A questo punto possiamo svolgere il calcolo -4 + 5.
$= +18 + \underline{[+1] \times (-3)} =$	Le uniche parentesi che sono rimaste sono quelle che «racchiudono» i numeri relativi. Quindi non abbiamo nessuna precedenza da rispettare in base alle parentesi. L'unica da rispettare è quella che riguarda le moltiplicazioni rispetto all'addizione e alla sottrazione. In questo caso il primo calcolo da effettuare è la moltiplicazione [+1] x (-3).
$= +18 + (-3) =$	A questo punto non ci resta che svolgere l'ultimo calcolo rimasto.

$$= +15$$

$\{[(-2)^2 \times (-2)^3 + 22] : (-5)\} - \underline{(3 - 4 - 6)} =$ **OSSERVA** Un numero non preceduto dal segno (nel nostro caso il 3) è positivo (+3).	La prima cosa che salta all'occhio è la presenza di un segno negativo davanti ad una parentesi. Quindi il primo passaggio è quello di cambiare opportunamente i segni.
$= \{[(-2)^2 \times (-2)^3 + 22] : (-5)\} + \underline{(-3 \div 4 \div 6)} =$ $= \{[(-2)^2 \times (-2)^3 + 22] : (-5)\} + (+1 + 6) =$	Iniziamo, quindi, a svolgere i calcoli all'interno delle parentesi tonde.
$= \{[\underline{(-2)^2 \times (-2)^3} + 22] : (-5)\} + (+7) =$	Osserviamo ora che all'interno delle parentesi quadre possiamo applicare una delle proprietà delle potenze, perché abbiamo il prodotto di due potenze aventi la stessa base.
$= \{[\underline{(-2)^5} + 22] : (-5)\} + (+7) =$	Calcoliamo la potenza sottolineata in rosso.
$= \{[\underline{(-32) + 22}] : (-5)\} + (+7) =$	Effettuiamo i calcoli nelle parentesi quadre.
$= \{\underline{[-10] : (-5)}\} + (+7) =$	Effettuiamo i calcoli nelle parentesi graffe.
$= \{+2\} + (+7) =$	Svolgiamo l'ultimo calcolo.

$$= +9$$

$-\left\{\left[\left(+\frac{1}{2}\right)^2 : (-2)^3\right] \underline{- \left(+\frac{1}{8}\right)}\right\} \times (-4) =$	Notiamo subito che davanti alla prima parentesi graffa vi è la presenza di un segno negativo. Si badi, però, che fino a quando non avremo svolto tutti i calcoli all'interno delle parentesi tonde e quadre, noi non potremo cambiare i segni, così come la regola ci suggerisce. Lo faremo solo alla fine. Il segno negativo davanti alla tonda, invece, può essere subito «trasformato» in positivo, e cambia anche il segno di +1/6.
$= -\left\{\left[\underline{\left(+\frac{1}{2}\right)^2} : \underline{(-2)^3}\right] + \left(-\frac{1}{8}\right)\right\} \times (-4) =$	Iniziamo, quindi, a svolgere i calcoli all'interno delle parentesi tonde. In particolare, calcoliamo le due potenze.
$= -\left\{\left[\underline{\left(+\frac{1}{4}\right) : (-8)}\right] + \left(-\frac{1}{8}\right)\right\} \times (-4) =$ $= -\left\{\left[\underline{\left(+\frac{1}{4}\right) \times \left(-\frac{1}{8}\right)}\right] + \left(-\frac{1}{8}\right)\right\} \times (-4) =$	Svolgiamo ora la divisione all'interno delle parentesi quadre.
$= -\left\{\underline{\left[-\frac{1}{32}\right] + \left(-\frac{1}{8}\right)}\right\} \times (-4) =$	A questo punto «entra in azione» il segno negativo davanti alle parentesi graffe. In particolare, diventa positivo (per cui possiamo anche ometterlo) e cambia il segno dei numeri presenti all'interno delle parentesi.
$= \left\{\underline{\left[+\frac{1}{32}\right] + \left(+\frac{1}{8}\right)}\right\} \times (-4) =$ $= \left\{\underline{\frac{(+1) + (+4)}{32}}\right\} \times (-4) =$	Svolgiamo l'addizione all'interno delle parentesi graffe.
$= \left\{+\frac{5}{32}\right\} \times (-4) =$	Svolgiamo l'ultima moltiplicazione.
$= -\frac{\cancel{20}^{\,5}}{\cancel{32}_{\,8}} =$	Facciamo le opportune semplificazioni.

$$= -\frac{5}{8}$$

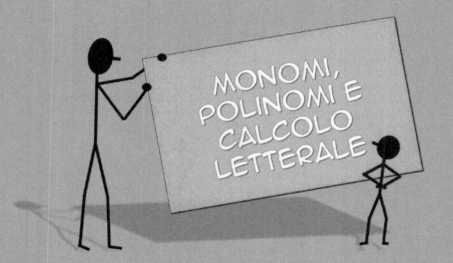

MONOMI,
POLINOMI E
CALCOLO
LETTERALE

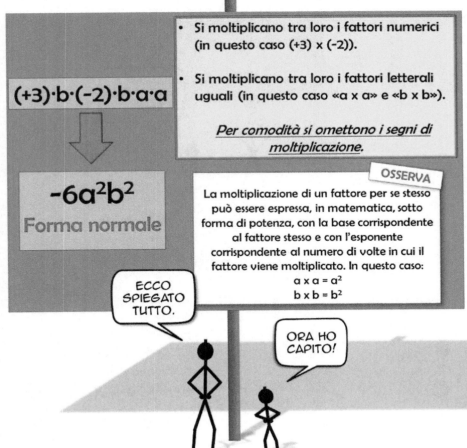

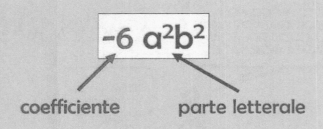

coefficiente   parte letterale

Monomio

Un monomio è costituito da una parte numerica, detta coefficiente (può essere anche frazionario) che moltiplica una parte letterale. Quest'ultima è formata da una o più lettere moltiplicate tra loro, ognuna con un determinato esponente.

202

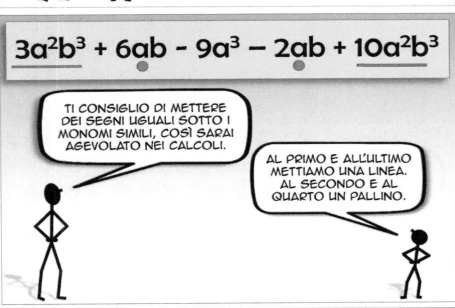

Addizione e sottrazione di monomi

E' possibile addizionare e sottrarre tra loro dei monomi soltanto se questi sono simili. Per addizionare (o sottrarre) tra loro due monomi bisogna addizionare (o sottrarre) tra loro i coefficienti e lasciare inalterata la parte letterale.

$$6xy^2 \cdot 8x^3y^2z = 48x^4y^4z$$

PER MOLTIPLICARE TRA LORO QUESTI DUE MONOMI BASTA SEGUIRE LA STESSA REGOLA VISTA ALL'INIZIO: MOLTIPLICARE TRA LORO SIA I DUE COEFFICIENTI SIA LE LETTERE UGUALI, RICORDANDOCI, PER QUESTE, DI APPLICARE LE PROPRIETÀ DELLE POTENZE.

$$6 \cdot 8 = 48$$
$$x \cdot x^3 = x^4$$
$$y^2 \cdot y^2 = y^4$$
$$1 \cdot z = z$$

LA LETTERA Z È MOLTIPLICATA PER 1, PERCHÉ NEL PRIMO MONOMIO NON È PRESENTE?

ESATTO.

$$24a^7b^4 : 6a^3b^2 = 4a^4b^2$$

PER LA DIVISIONE TRA DUE MONOMI VALE LA STESSA REGOLA. IN QUESTO CASO BISOGNA DIVIDERE TRA LORO SIA I COEFFICIENTI SIA LE LETTERE UGUALI.

$$24 : 6 = 4$$
$$a^7 : a^3 = a^4$$
$$b^4 : b^2 = b^2$$

Moltiplicazione e divisione tra monomi

Per moltiplicare (o dividere) tra loro due monomi bisogna moltiplicare (o dividere) tra loro sia i coefficienti che le lettere uguali.

POTENZA DI UN MONOMIO

PROVIAMO ORA A CALCOLARE LA POTENZA DI UN MONOMIO.

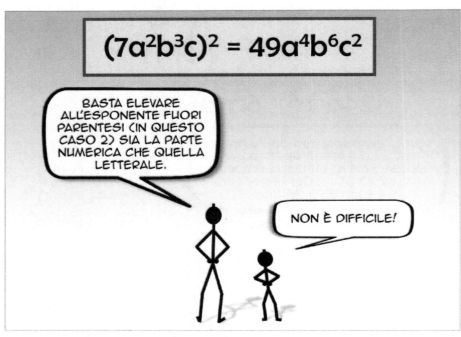

$$(7a^2b^3c)^2 = 49a^4b^6c^2$$

BASTA ELEVARE ALL'ESPONENTE FUORI PARENTESI (IN QUESTO CASO 2) SIA LA PARTE NUMERICA CHE QUELLA LETTERALE.

NON È DIFFICILE!

Potenza di un monomio

Per calcolare la potenza di un monomio bisogna elevare all'esponente sia la parte numerica che quella letterale.

MOLTIPLICAZIONE DI UN MONOMIO PER UN POLINOMIO

VEDIAMO ORA COME SI SVOLGE LA MOLTIPLICAZIONE DI UN MONOMIO PER UN POLINOMIO.

$$2ab^2 \cdot (4a^3 + 3ab^4) = 8a^4b^2 + 6a^2b^6$$

BISOGNA MOLTIPLICARE IL MONOMIO PER CIASCUN TERMINE DEL POLINOMIO E POI ADDIZIONARE I PRODOTTI OTTENUTI.

LO STESSO VALE NEL CASO IN CUI IL POLINOMIO È FORMATO DA PIÙ DI DUE TERMINI?

ESATTO.

Moltiplicazione di un monomio per un polinomio
Per moltiplicare un monomio per un polinomio bisogna moltiplicare il monomio per ciascun termine del polinomio e addizionare i prodotti ottenuti.

Moltiplicazione tra due polinomi

Per moltiplicare tra loro due polinomi bisogna moltiplicare ciascun termine del primo polinomio per ciascun termine del secondo polinomio e addizionare tra loro i prodotti ottenuti.

PER DIVIDERE UN POLINOMIO PER UN MONOMIO BISOGNA DIVIDERE CIASCUN TERMINE DEL POLINOMIO PER IL MONOMIO E ADDIZIONARE TRA LORO I QUOZIENTI OTTENUTI.

DIVISIONE DI UN POLINOMIO PER UN MONOMIO

$$(8a^7b - 5a^3b^3 + 3ab) : 4ab =$$

$$= 2a^6 \left(- \frac{5}{4}\right) a^2b^2 \left(+ \frac{3}{4}\right)$$

In questo caso è consigliabile scrivere una frazione, perché il risultato della divisione non è un numero intero.

Divisione di un polinomio per un monomio

Per dividere un polinomio per un monomio bisogna dividere ciascun termine del polinomio per il monomio e addizionare tra loro i quozienti ottenuti.

QUINDI ABBIAMO IL PRODOTTO DI DUE POLINOMI, CHE GIÀ ABBIAMO VISTO COME SVOLGERE.

SÌ, SI MOLTIPLICA CIASCUN TERMINE DEL PRIMO POLINOMIO PER CIASCUN TERMINE DEL SECONDO POLINOMIO.

$$(a + b) \cdot (a + b) =$$
$$= a^2 + \underline{ab} + \underline{ab} + b^2 =$$
$$= a^2 + \underline{2ab} + b^2$$

CALCOLANDO I VARI PRODOTTI, CI ACCORGIAMO CHE IL SECONDO E IL TERZO MONOMIO SONO SIMILI. QUINDI POSSIAMO ADDIZIONARLI.

OSSERVA

Quando un monomio presenta soltanto la parte letterale, vuol dire che il coefficiente è uguale a 1.

IN QUESTO CASO LA LORO SOMMA È **2ab**.

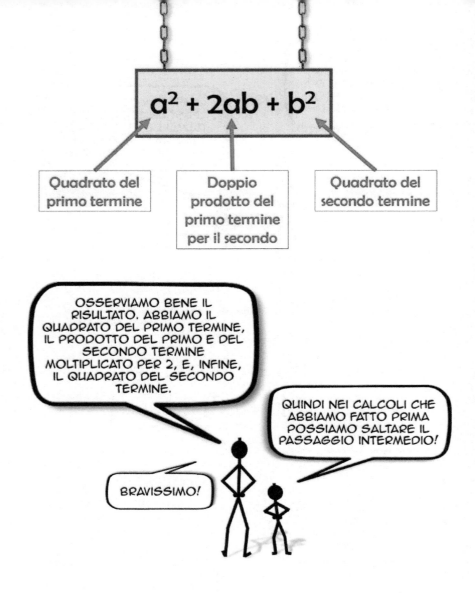

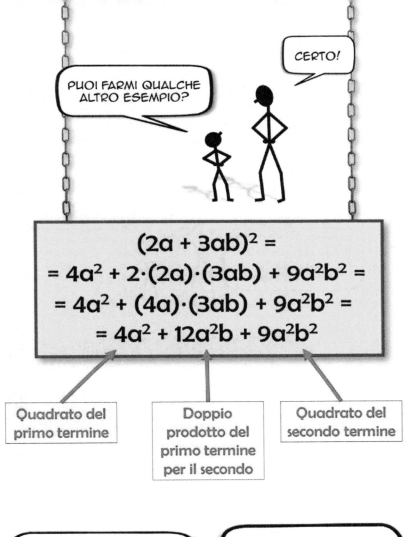

$$(2a + 3ab)^2 =$$
$$= 4a^2 + 2 \cdot (2a) \cdot (3ab) + 9a^2b^2 =$$
$$= 4a^2 + (4a) \cdot (3ab) + 9a^2b^2 =$$
$$= 4a^2 + 12a^2b + 9a^2b^2$$

Quadrato del primo termine

Doppio prodotto del primo termine per il secondo

Quadrato del secondo termine

NON È DIFFICILE. BASTA RICORDARSI LA REGOLA ED IL GIOCO È FATTO!

IL QUADRATO DEL PRIMO TERMINE PIÙ IL DOPPIO PRODOTTO DEL PRIMO TERMINE PER IL SECONDO PIÙ IL QUADRATO DEL SECONDO TERMINE.

SEI DAVVERO UN CAMPIONE!

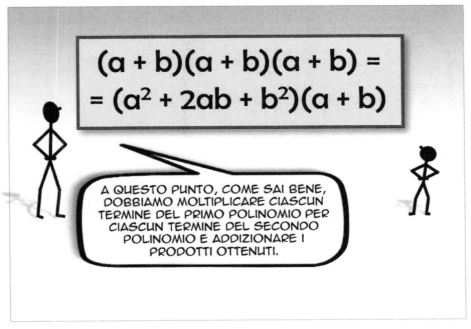

$$(a^2 + 2ab + b^2)(a + b) =$$
$$= a^3 + \underline{a^2b} + \underline{\underline{2a^2b}} + 2ab^2 + ab^2 + b^3$$

$$a^3 + \underline{a^2b} + \underline{\underline{2a^2b}} + 2ab^2 + ab^2 + b^3 =$$
$$= a^3 + 3a^2b + 3ab^2 + b^3$$

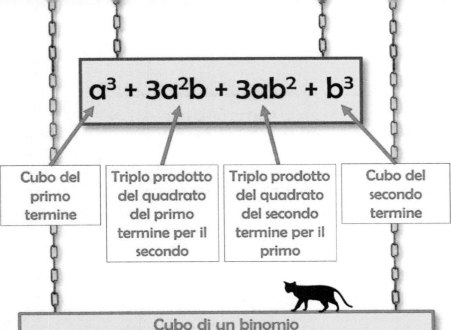

$$a^3 + 3a^2b + 3ab^2 + b^3$$

| Cubo del primo termine | Triplo prodotto del quadrato del primo termine per il secondo | Triplo prodotto del quadrato del secondo termine per il primo | Cubo del secondo termine |

Cubo di un binomio

Il cubo di un binomio è uguale al cubo del primo termine più il triplo prodotto del quadrato del primo termine per il secondo più il triplo prodotto del quadrato del secondo termine per il primo più il cubo del secondo termine.

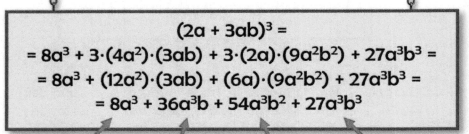

$$(2a + 3ab)^3 =$$
$$= 8a^3 + 3 \cdot (4a^2) \cdot (3ab) + 3 \cdot (2a) \cdot (9a^2b^2) + 27a^3b^3 =$$
$$= 8a^3 + (12a^2) \cdot (3ab) + (6a) \cdot (9a^2b^2) + 27a^3b^3 =$$
$$= 8a^3 + 36a^3b + 54a^3b^2 + 27a^3b^3$$

Cubo del primo termine	Triplo prodotto del quadrato del primo termine per il secondo	Triplo prodotto del quadrato del secondo termine per il primo	Cubo del secondo termine

218

$$(a + b)(a - b) =$$
$$= a^2 - \cancel{ab} + \cancel{ab} - b^2 =$$
$$= a^2 - b^2$$

SVOLGENDO I CALCOLI CI ACCORGIAMO CHE IL SECONDO E IL TERZO MONOMIO SONO OPPOSTI PER CUI LA LORO SOMMA È PARI A ZERO. POSSIAMO QUINDI ELIMINARLI. RESTA LA DIFFERENZA TRA IL QUADRATO DI **a** E IL QUADRATO DI **b**.

QUINDI BASTA SOTTRARRE AL QUADRATO DEL PRIMO TERMINE IL QUADRATO DEL SECONDO.

Prodotto della somma di due monomi per la loro differenza
Il prodotto della somma di due monomi per la loro differenza è uguale alla differenza tra i quadrati dei due monomi.

ESEMPIO

$$(3a + 2b^2)(3a - 2b^2) =$$
$$= 9a^2 - 4b^4$$

ESPRESSIONI CON MONOMI E POLINOMI

ANDIAMO ORA A VEDERE COME SI CALCOLANO ALCUNE ESPRESSIONI CON I MONOMI E I POLINOMI.

BENE! MI SENTO PREPARATISSIMO!

OSSERVA

Anche nelle espressioni con monomi e polinomi le moltiplicazioni e le divisioni precedono le addizioni e le sottrazioni. Inoltre, vale sempre la precedenza delle parentesi tonde rispetto alle quadre e alle graffe, e le potenze vanno svolte prima di effettuare gli altri calcoli.

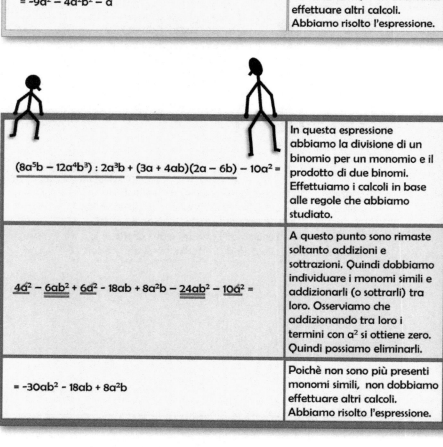

$(2a - 3ab)(2a + 3ab) - a + 10a^4b^4c : 2a^2b^2c - 13a^2 =$	Osserviamo subito che abbiamo il prodotto tra due binomi, che sono costituiti dagli stessi termini, ma nel primo binomio sono addizionati, nel secondo sottratti. Quindi possiamo utilizzare la regola che conosciamo. Inoltre, abbiamo una divisione. Calcoliamo.
$= 4a^2 - 9a^2b^2 - a + 5a^2b^2 - 13a^2 =$	A questo punto sono rimaste soltanto addizioni e sottrazioni. Quindi dobbiamo individuare i monomi simili e addizionarli (o sottrarli) tra loro.
$= -9a^2 - 4a^2b^2 - a$	Poichè non sono più presenti monomi simili, non dobbiamo effettuare altri calcoli. Abbiamo risolto l'espressione.

$(8a^5b - 12a^4b^3) : 2a^3b + (3a + 4ab)(2a - 6b) - 10a^2 =$	In questa espressione abbiamo la divisione di un binomio per un monomio e il prodotto di due binomi. Effettuiamo i calcoli in base alle regole che abbiamo studiato.
$4a^2 - 6ab^2 + 6a^2 - 18ab + 8a^2b - 24ab^2 - 10a^2 =$	A questo punto sono rimaste soltanto addizioni e sottrazioni. Quindi dobbiamo individuare i monomi simili e addizionarli (o sottrarli) tra loro. Osserviamo che addizionando tra loro i termini con a^2 si ottiene zero. Quindi possiamo eliminarli.
$= -30ab^2 - 18ab + 8a^2b$	Poichè non sono più presenti monomi simili, non dobbiamo effettuare altri calcoli. Abbiamo risolto l'espressione.

$3ab \cdot [(a^2 - 3b)^2 - 6b^2] + 14a^2 \cdot 2b^4 - 2a^2b^2 =$	In questa espressione abbiamo il quadrato di un binomio e due moltiplicazioni. La prima, quella che precede la parentesi quadra, la svolgeremo soltanto dopo aver svolto i calcoli in parentesi.
$= 3ab \cdot [a^4 - 6a^2b + 9b^2 - 6b^2] + 28a^2b^4 - 2a^2b^2 =$	A questo punto possiamo svolgere la moltiplicazione del primo monomio per il polinomio in parentesi quadra.
$= 3a^5b - 18a^3b^2 + 27ab^3 - 18ab^3 + 28a^2b^4 - 2a^2b^2 =$	Sono rimaste soltanto addizioni e sottrazioni, per cui non ci resta che individuare i monomi simili e addizionarli tra loro. In questo caso ne abbiamo soltanto due.
$= 3a^5b - 18a^3b^2 + 9ab^3 + 28a^2b^4 - 2a^2b^2$	Non sono presenti monomi simili, per cui non dobbiamo effettuare ulteriori calcoli. Abbiamo risolto l'espressione.

BELLA DOMANDA! SÌ, SEGUONO LE STESSE REGOLE. L'UNICA DIFFERENZA È CHE NELLE OPERAZIONI DA EFFETTUARE TRA I COEFFICIENTI DEVI TENER CONTO DELLE REGOLE DELLE FRAZIONI.

NEL CASO IN CUI I COEFFICIENTI SONO COSTITUITI DA FRAZIONI, I CALCOLI TRA MONOMI E POLINOMI SEGUONO LE STESSE REGOLE?

$\dfrac{2}{3}\,a^5b - \dfrac{3}{2}\,ab \cdot \dfrac{1}{2}\,a^4 - 2ab^3 + \dfrac{3}{4}\,a^6b^3 : \dfrac{9}{8}\,ab^2 =$	In questa espressione abbiamo una moltiplicazione, una divisione e due sottrazioni. Alcuni coefficienti sono frazionari, altri interi. Cominciamo a svolgere la moltiplicazione e la divisione.
$= \dfrac{2}{3}\,a^5b - \dfrac{3}{4}\,a^5b - 2ab^3 + \left(\dfrac{3}{4} \cdot \dfrac{8}{9}\right)a^5b =$	Osserviamo che per svolgere la divisione tra i coefficienti degli ultimi due monomi abbiamo seguito la regola per il calcolo della divisione tra due frazioni (ricordiamo che il segno di divisione va trasformato in segno di moltiplicazione e che la seconda frazione va sostituita con il suo reciproco). Per le lettere valgono le regole viste per la divisione tra monomi.
$= \dfrac{2}{3}\,a^5b - \dfrac{3}{4}\,a^5b - 2ab^3 + \dfrac{2}{3}\,a^5b =$	Sono rimaste soltanto addizioni e sottrazioni, per cui non ci resta che individuare i monomi simili e addizionarli tra loro. In questo caso ne abbiamo tre.
$= \left(\dfrac{2}{3} - \dfrac{3}{4} + \dfrac{2}{3}\right)a^5b - 2ab^3 =$ $= \left(\dfrac{2}{3} - \dfrac{3}{4} + \dfrac{2}{3}\right)a^5b - 2ab^3 =$ $= \left(\dfrac{8 - 9 + 8}{12}\right)a^5b - 2ab^3 =$ $= \dfrac{7}{12}\,a^5b - 2ab^3 =$	Dopo aver effettuato tutti i calcoli, non sono presenti monomi simili, per cui non dobbiamo effettuare ulteriori calcoli. Abbiamo risolto l'espressione.

224

12

LE EQUAZIONI DI PRIMO GRADO AD UN'INCOGNITA

Equazione di primo grado a un'incognita

Un'equazione di primo grado a un'incognita è l'uguaglianza tra due espressioni algebriche in cui è presente una sola lettera con esponente pari a 1.

Risoluzione di un'equazione

Risolvere un'equazione vuol dire trovare il valore dell'incognita che faccia rispettare l'uguaglianza.

$$2x + 1 - 8x - 12 = 5 - 9x + 4 + 7x$$

1° membro · · · 2° membro

QUESTO PRINCIPIO CI DÀ UN'ENORME MANO PER RISOLVERE QUESTA EQUAZIONE. ORA TI SPIEGO.

Primo principio di equivalenza

Se si addiziona o si sottrae a entrambi i membri di un'equazione di primo grado uno stesso numero o una stessa espressione algebrica contenente l'incognita, si ottiene un'equazione equivalente a quella di partenza.

$$2x + 1 - 8x - 12 = 5 \; \boxed{- 9x} + 4 \; \boxed{+ 7x}$$

$$2x + 1 - 8x - 12 \; \boxed{+ 9x} \; \boxed{- 7x} = 5 + 4$$

PER IL PRIMO PRINCIPIO DI EQUIVALENZA POSSIAMO ADDIZIONARE 9X E SOTTRARRE 7X AD ENTRAMBI I MEMBRI. IN QUESTO MODO, AL SECONDO MEMBRO −9X E +7X SI ANNULLANO, MENTRE VENGONO ADDIZIONATI, CAMBIATI DI SEGNO, AL PRIMO MEMBRO.

WOW!

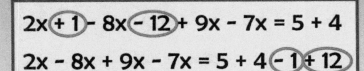

$$2x \boxed{+\ 1} - 8x \boxed{-\ 12} + 9x - 7x = 5 + 4$$

$$2x - 8x + 9x - 7x = 5 + 4 \boxed{-\ 1} \boxed{+\ 12}$$

ALLO STESSO MODO, POSSIAMO SOTTRARRE 1 E ADDIZIONARE 12 AD ENTRAMBI I MEMBRI. IN QUESTO MODO AL PRIMO MEMBRO +1 E −12 SI ANNULLANO, MENTRE VENGONO ADDIZIONATI, CAMBIATI DI SEGNO, AL SECONDO MEMBRO.

IN QUESTO MODO AL PRIMO MEMBRO VERRANNO A TROVARSI SOLO TERMINI CON LA X, MENTRE AL SECONDO MEMBRO SOLO NUMERI.

BRAVO! I TERMINI PRIVI DELL'INCOGNITA VENGONO DETTI **TERMINI NOTI**, PERCHÈ IL LORO VALORE È NOTO.

$$2x \boxed{+\ 1} - 8x \boxed{-\ 12} = 5 \boxed{-\ 9x} + 4 \boxed{+\ 7x}$$

QUESTA CHE ABBIAMO APPENA VISTO SI CHIAMA **REGOLA DEL TRASPORTO**, SECONDO LA QUALE IN OGNI EQUAZIONE UN TERMINE PUÒ ESSERE SPOSTATO DA UN MEMBRO ALL'ALTRO, PURCHÈ SI CAMBI SEGNO.

Regola del trasporto

In ogni equazione un termine può essere spostato da un membro all'altro, purchè si cambi segno.

$$2 \cdot (-5) + 1 - 8 \cdot (-5) - 12 = 5 - 9 \cdot (-5) + 4 + 7 \cdot (-5)$$

$$-10 + 1 + 40 - 12 = 5 + 45 + 4 - 35$$

$$+19 = +19$$

SE VUOI VERIFICARE CHE LA SOLUZIONE CHE HAI TROVATO SIA QUELLA GIUSTA, BASTA CHE SOSTITUISCI ALLA X LA SOLUZIONE (IN QUESTO CASO -5) ED EFFETTUARE I CALCOLI AL PRIMO E AL SECONDO MEMBRO. SE ALLA FINE DEI CALCOLI AVRAI LO STESSO NUMERO VORRÀ DIRE CHE LA SOLUZIONE È CORRETTA.

HAI RAGIONE, NON SONO DIFFICILI.

RICAPITOLIAMO UN ATTIMO I PASSAGGI.

OK.

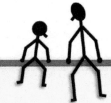

$2x + 1 - 8x - 12 = 5 - 9x + 4 + 7x$	Abbiamo un'equazione di primo grado ad un'incognita. Sono presenti dei termini con l'incognita e dei termini noti. Il nostro scopo è trovare la soluzione dell'equazione, ovvero quel numero che, sostituito alla x, faccia rispettare l'uguaglianza.
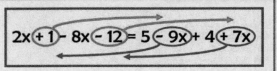 $2x - 8x + 9x - 7x = 5 + 4 - 1 + 12$	Possiamo subito applicare la regola del trasporto, in modo da avere al primo membro tutti i termini con la x e al secondo membro tutti i termini noti. In questo modo potremo addizionare tutti i termini a sinistra dell'uguale e tutti quelli alla sua destra.
$-4x = +20$	Otteniamo l'uguaglianza tra un monomio, dato dal prodotto di un fattore numerico per l'incognita x, e un termine noto.
$x = \dfrac{+20}{-4} = -5$	Quindi l'incognita x sarà uguale al rapporto tra il termine noto alla destra dell'uguale e il coefficiente del monomio a sinistra dell'uguale.

VERIFICA DELL'EQUAZIONE

$2 \cdot (-5) + 1 - 8 \cdot (-5) - 12 = 5 - 9 \cdot (-5) + 4 + 7 \cdot (-5)$

$-10 + 1 + 40 - 12 = 5 + 45 + 4 - 35$

$+ 19 = + 19$

$$\frac{2}{3}x + 1 - \frac{1}{2}x - 4 = \frac{4}{3} + 2x + 5 + \frac{1}{3}x$$

ECCO UN ESEMPIO. ALCUNI COEFFICIENTI SONO COSTITUITI DA FRAZIONI, COSÌ COME UNO DEI TERMINI NOTI.

LO DICEVO IO CHE SAREBBE STATA DURA!

NIENTE PAURA! ESISTE UN PICCOLO TRUCCO PER SEMPLIFICARE I CALCOLI.

MENO MALE!

$$\frac{2}{3}x + 1 - \frac{1}{2}x - 4 = \frac{4}{3} + 2x + 5 + \frac{1}{3}x$$

Secondo principio di equivalenza

Se si moltiplicano o si dividono entrambi i membri di un'equazione per una stessa quantità diversa da zero, si ottiene un'equazione equivalente a quella di partenza.

QUESTO PRINCIPIO CI PERMETTE DI RISOLVERE QUESTA ESPRESSIONE MOLTO PIÙ AGEVOLMENTE.

$$6 \cdot \frac{2}{3}x + 6 \cdot 1 - 6 \cdot \frac{1}{2}x - 6 \cdot 4 = 6 \cdot \frac{4}{3} + 6 \cdot 2x + 6 \cdot 5 + 6 \cdot \frac{1}{3}x$$

SE CALCOLIAMO IL MINIMO COMUNE MULTIPLO DI TUTTI I DENOMINATORI DELLE FRAZIONI PRESENTI (IN QUESTO CASO 6) E LO MOLTIPLICHIAMO PER TUTTI I TERMINI DELL'EQUAZIONE, POSSIAMO, GRAZIE ALLE SEMPLIFICAZIONI, ELIMINARE I DENOMINATORI.

$$\overset{2}{6} \cdot \frac{2}{\underset{1}{3}} x + 6 \cdot 1 - \overset{3}{6} \cdot \frac{1}{\underset{1}{2}} x - 6 \cdot 4 = \overset{2}{6} \cdot \frac{4}{\underset{1}{3}} + 6 \cdot 2x + 6 \cdot 5 + \overset{2}{6} \cdot \frac{1}{\underset{1}{3}} x$$

$$4x + 6 - 3x - 24 = 8 + 12x + 30 + 2x$$

WOW! IN QUESTO MODO ABBIAMO TRASFORMATO L'EQUAZIONE DI PARTENZA IN UNA FRAZIONE EQUIVALENTE SENZA FRAZIONI!

ESATTO.

$$4x - 3x - 12x - 2x = 8 + 30 - 6 + 24$$

$$-13x = 56$$

$$x = -\frac{56}{13}$$

NON CI RESTA CHE APPLICARE LA REGOLA DEL TRASPORTO E CALCOLARE LA SOLUZIONE DELL'EQUAZIONE.

RICAPITOLIAMO UN ATTIMO I PASSAGGI.

$$\frac{2}{3}x + 1 - \frac{1}{2}x - 4 = \frac{4}{3} + 2x + 5 + \frac{1}{3}x$$

In questo caso abbiamo la presenza di frazioni. Conviene allora calcolare il minimo comune multiplo dei denominatori (in questo caso 6) e moltiplicarlo per tutti i termini dell'equazione. Questo possiamo farlo per il secondo principio di equivalenza.

$$6 \cdot \frac{2}{3}x + 6 \cdot 1 - 6 \cdot \frac{1}{2}x - 6 \cdot 4 = 6 \cdot \frac{4}{3} + 6 \cdot 2x + 6 \cdot 5 + 6 \cdot \frac{1}{3}x$$

$$6 \cdot \frac{2}{3}x + 6 \cdot 1 - 6 \cdot \frac{1}{2}x - 6 \cdot 4 = 6 \cdot \frac{4}{3} + 6 \cdot 2x + 6 \cdot 5 + 6 \cdot \frac{1}{3}x$$

In questo modo, effettuando le opportune semplificazioni, andremo ad eliminare tutti i denominatori. I calcoli diventeranno, così, più semplici.

$$4x + 6 - 3x - 24 = 8 + 12x + 30 + 2x$$

A questo punto possiamo applicare la regola del trasporto.

$$4x - 3x - 12x - 2x = 8 + 30 - 6 + 24$$

$$-13x = 56$$

$$x = -\frac{56}{13}$$

Effettuando i calcoli a sinistra e a destra del segno di uguaglianza possiamo calcolare facilmente la soluzione dell'equazione.

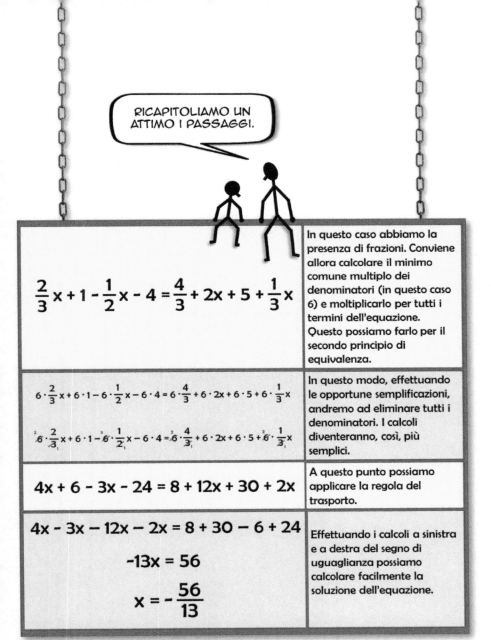

13

CALCOLO DELLE PROBABILITÀ

EVENTO CASUALE	⟹	PUÒ USCIRE UNA DELLE 6 FACCE
EVENTO IMPOSSIBILE	⟹	USCIRÀ IL NUMERO 7
EVENTO CERTO	⟹	USCIRÀ UNA DELLE 6 FACCE

SE VUOI CALCOLARE LA PROBABILITÀ CHE LANCIANDO UN DADO ESCA IL NUMERO 3 DEVI DIVIDERE IL NUMERO DI CASI FAVOREVOLI (1) PER IL NUMERO DI CASI POSSIBILI (6).

$$P = \frac{1}{6}$$

SE VOGLIAMO CALCOLARE LA PROBABILITÀ CHE ESCA UN NUMERO PARI, IL NUMERO DI CASI FAVOREVOLI È 3 (2, 4 O 6), PER CUI IL CALCOLO SARÀ DATO DAL RAPPORTO TRA 3 E 6.

$$P = \frac{3}{6} = \frac{1}{2}$$

pari

QUINDI LA PROBABILITÀ CHE LANCIANDO UNA MONETA ESCA CROCE È 1/2, PERCHÉ IL NUMERO DI CASI FAVOREVOLI È 1 E IL NUMERO DI CASI POSSIBILI È 2.

$$P = \frac{1}{2}$$

TESTA   CROCE

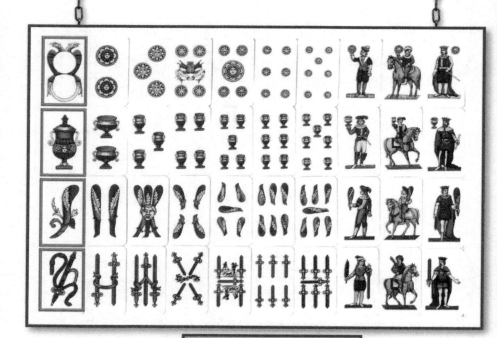

$$P = \frac{4}{40} = \frac{1}{10}$$

BRAVO! COSÌ COME LA PROBABILITÀ CHE DA UN MAZZO DI CARTE NAPOLETANE ESCA UN ASSO È 4/40, PERCHÉ GLI ASSI SONO 4 E IL NUMERO DI CARTE IN UN MAZZO È 40.

LA PROBABILITÀ CHE ESCA L'UNDICI DI DENARI È «ZERO»!

BRAVO! QUINDI È UN EVENTO IMPOSSIBILE.

Probabilità di un evento singolo

La probabilità di un evento singolo è data dal rapporto tra il numero di casi favorevoli f e il numero totale di casi possibili n:

$$P_E = f/n$$

E' compresa tra 0 (evento impossibile) e 1 (evento certo).

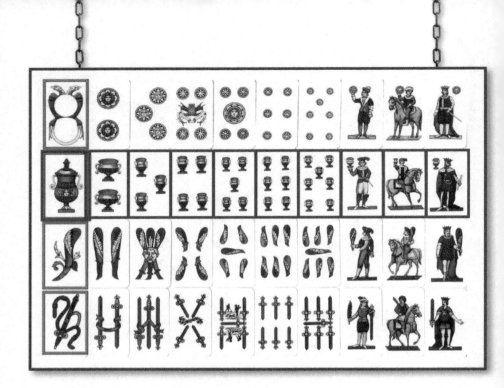

IN QUESTO CASO, I CASI FAVOREVOLI SONO DATI DA 4 ASSI PIÙ LE 10 CARTE DI COPPE...

PERÒ IN QUESTO MODO L'ASSO DI COPPE VIENE CONTATO DUE VOLTE!

BRAVO! ALLORA LE CARTE DI COPPE VANNO CONTATE 9 VOLTE, ANZICHÉ 10.

$$P = \frac{4 + (10 - 1)}{40} = \frac{13}{40}$$

oppure

$$P = \frac{4}{40} + \frac{10}{40} - \frac{1}{40} = \frac{13}{40}$$

Probabilità totale di due eventi parziali compatibili

La probabilità totale di due eventi parziali compatibili è data dalla somma delle singole probabilità meno le probabilità che si sovrappongono.

$$P = \frac{3}{8} + \frac{4}{8} = \frac{7}{8}$$

Probabilità totale di due eventi parziali incompatibili
La probabilità totale di due eventi parziali incompatibili è data dalla somma delle singole probabilità.

$$P = \frac{1}{6} \times \frac{1}{6} = \frac{1}{36}$$

Probabilità composta di due eventi indipendenti

La probabilità composta di due eventi indipendenti è data dal prodotto delle singole probabilità.

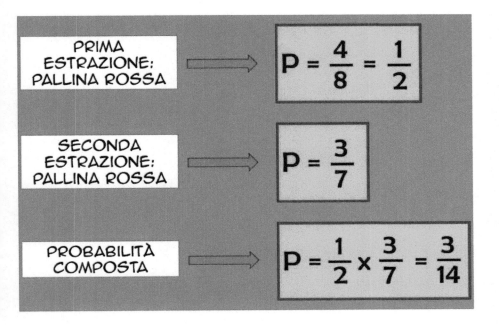

NOZIONI DI STATISTICA

254

Alunno	Peso (kg)
Anna	32
Antonio	25
Carlo	38
Donatella	30
Ettore	27
Fabio	33
Gabriella	28
Ida	29
Ivan	29
Lorenzo	30
Maria	29
Nicola	25
Orazio	32
Paola	28
Roberta	29
Stefano	27
Sara	33
Tiziana	32
Umberto	32
Veronica	31
Marco	29
Cristina	32
Fulvia	29
Carmine	32
Francesca	32
Alessandro	40
Giulia	29
Giovanni	25
Salvatore	32
Claudio	27

Nella tabella a lato sono raccolti i pesi degli alunni del nostro campione, costituito da due classi della scuola (la popolazione è costituita, invece, da tutti gli alunni della scuola).

IMMAGINIAMO DI AVER RACCOLTO, SUL NOSTRO CAMPIONE, I SEGUENTI DATI.

Frequenza assoluta
E' il numero che risulta dal conteggio dei dati (es.: 7 alunni pesano 29 kg, 3 alunni pesano 25 kg, e così via).

Frequenza relativa (o percentuale)
Si ottiene dividendo la frequenza assoluta per il numero totale di alunni e moltiplicando per 100.

Peso (kg)	Frequenza assoluta	Frequenza relativa
25	3	10%
27	3	10%
28	2	6,67%
29	7	23,3%
30	2	6,67%
31	1	3,3%
32	8	26,7%
33	2	6,67%
38	1	3,3%
40	1	3,3%

IN QUESTA TABELLA SONO INSERITE LE FREQUENZE ASSOLUTE E QUELLE RELATIVE.

$(25×3)+(27×3)+(28×2)+(29×7)+(30×2)+(31×1)+(32×8)+(33×2)+(38×1)+(40×1):30 = 30,2$ kg

Peso (kg)	Frequenza assoluta	Frequenza relativa
25	3	10%
27	3	10%
28	2	6,67%
29	7	23,3%
30	2	6,67%
31	1	3,3%
32	8	26,7%
33	2	6,67%
38	1	3,3%
40	1	3,3%

LA MODA ARITMETICA È L'ELEMENTO A CUI CORRISPONDE LA MASSIMA FREQUENZA ASSOLUTA. IN QUESTO CASO 32 KG.

IN QUESTO CASO È IL PESO PIÙ PRESENTE.

Moda aritmetica

La moda aritmetica è l'elemento a cui corrisponde la massima frequenza assoluta.

LA *MEDIANA* DI UNA SERIE DI N DATI ORDINATI È IL VALORE CENTRALE DELLA SERIE SE N È DISPARI O LA MEDIA DEI VALORI CENTRALI.

MMM...QUESTA DOVRESTI SPIEGARMELA MEGLIO!

Peso (kg)
25
25
25
27
27
27
28
28
29
29
29
29
29
29
29
30
30
31
32
32
32
32
32
32
32
32
33
33
38
40

MEDIANA = (29+30):2 = 29,5 kg

DEVI METTERE IN ORDINE CRESCENTE TUTTI I DATI CHE HAI RACCOLTO. SE I DATI SONO DISPARI, LA MEDIANA È IL DATO CENTRALE. NEL NOSTRO CASO, I DATI SONO PARI. ALLORA DEVI FARE LA MEDIA DEI DUE DATI CENTRALI.

ORA È CHIARISSIMO!

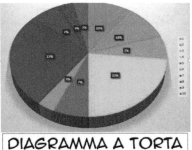

RAPPRESENTAZIONE GRAFICA

SPESSO RISULTA UTILE RAPPRESENTARE I DATI RACCOLTI DAL PUNTO DI VISTA GRAFICO, PER MEZZO DI *ISTOGRAMMI*, *DIAGRAMMI A TORTA* E *GRAFICI*.

Peso (kg)	Frequenza assoluta	Frequenza relativa
25	3	10%
27	3	10%
28	2	6,67%
29	7	23,3%
30	2	6,67%
31	1	3,3%
32	8	26,7%
33	2	6,67%
38	1	3,3%
40	1	3,3%

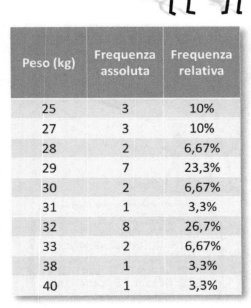

DIAGRAMMA A TORTA

LE FREQUENZE ASSOLUTE POSSONO ESSERE RAPPRESENTATE IN UN *ISTOGRAMMA*, MENTRE LE RELATIVE IN UN *DIAGRAMMA A TORTA*.

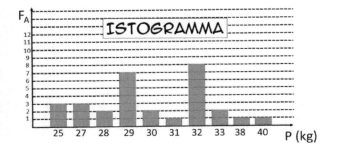

ISTOGRAMMA

261

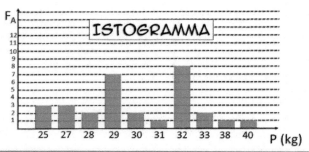

Un istogramma è caratterizzato da una serie di rettangoli, uno per ogni elemento che stiamo considerando, la cui altezza corrisponde alla frequenza assoluta.

L'ISTOGRAMMA TI PERMETTE DI INDIVIDUARE, VISIVAMENTE E CON MAGGIOR VELOCITÀ, GLI ELEMENTI CHE HANNO UNA FREQUENZA ASSOLUTA MAGGIORE.

IN QUESTO CASO I DUE PESI CON LA FREQUENZA ASSOLUTA MAGGIORE SONO 29 KG E 32 KG.

BRAVO!

DIAGRAMMA A TORTA

IL DIAGRAMMA A TORTA, INVECE, PERMETTE DI STUDIARE VISIVAMENTE LA DISTRIBUZIONE DELLE FREQUENZE RELATIVE, CIOÈ DELLE PERCENTUALI SUL TOTALE.

Un diagramma a torta è caratterizzato da un disco a due o a tre dimensioni, diviso in tanti spicchi, la cui grandezza corrisponde alle frequenze relative.

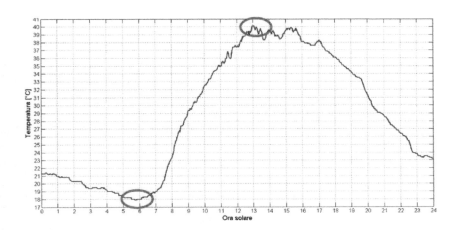

IN ALCUNI CASI PUÒ ESSERE UTILE TRACCIARE UN GRAFICO, CHE PERMETTE DI ANALIZZARE L'ANDAMENTO DI UN DETERMINATO FENOMENO AL VARIARE DI QUALCOSA. IN QUESTO CASO, AD ESEMPIO, ABBIAMO LA VARIAZIONE DI TEMPERATURA NELLE 24 ORE DELLA GIORNATA.

LA TEMPERATURA PIÙ ALTA SI HA ALLE 13:00.

BRAVO! QUELLA PIÙ BASSA ALLE 6:00 CIRCA.

263

ESERCITIAMOCI CON LE PROVE INVALSI

D1. Francesco esegue nell'ordine le seguenti operazioni:

1) scrive il numero 5
2) lo raddoppia
3) aggiunge 6
4) divide per 2
5) sottrae 5

Quale delle seguenti espressioni traduce correttamente la sequenza delle operazioni fatte da Francesco?

A. ☐ $(5 \cdot 2 + 6) : 2 - 5$

B. ☐ $5 \cdot 2 + 6 : 2 - 5$

C. ☐ $5 + 10 + 6 : 2 - 5$

D. ☐ $5 \cdot 2 + 6 : (2 - 5)$

Per risolvere questo quesito occorre un po' di logica. Francesco inizialmente scrive il numero 5, per cui potrebbero essere vere tutte le opzioni. Tuttavia il secondo passaggio prevede che lui raddoppi 5, cioè lo moltiplichi per 2. Quindi sicuramente possiamo escludere l'opzione C, nella quale 5 non viene raddoppiato. Nelle altre tre, invece il 5 viene moltiplicato per 2. Procediamo. Francesco aggiunge 6 e quindi le opzioni A, B e D sembrerebbero tutte vere. Francesco, però, divide per 2. Attenzione qui! La frase afferma "divide per 2", non dice che il 6 è diviso per 2, per cui vuol dire che tutta l'espressione precedente (5x2+6) viene divisa per 2. L'unica opzione che rispetta questa regola è la A, che evidentemente è la risposta corretta.

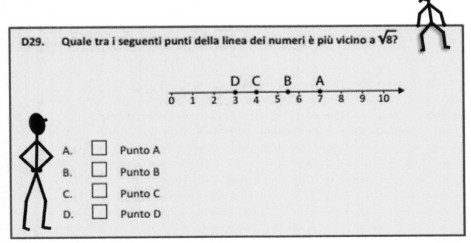

D29. Quale tra i seguenti punti della linea dei numeri è più vicino a $\sqrt{8}$?

A. ☐ Punto A

B. ☐ Punto B

C. ☐ Punto C

D. ☐ Punto D

Sicuramente la radice quadrata di 8 sarà maggiore di 2, perché 2 alla seconda è uguale a 4; ma la radice quadrata di 8 è anche minore di 3, perché 3 al quadrato è uguale a 9. Quindi la radice quadrata di 8 è compresa tra 2 e 3. Quindi il punto più vicino sarà il punto D. La risposta corretta è la D.

D2. Questi sono gli orari di arrivo alla stessa fermata di tre linee di autobus.

Linea A	Linea B	Linea C
13:07	13:10	13:05
13:22	13:30	13:35
13:37	13:50	
13:52		

a. Giovanni, per tornare a casa, può prendere solo l'autobus della linea C. Quando arriva alla fermata, vede partire l'autobus delle 13:05. Quanti altri autobus vede passare Giovanni prima che arrivi il successivo autobus della linea C?

A. ☐ 1

B. ☐ 2

C. ☐ 3

D. ☐ 4

b. Filippo arriva alla stessa fermata alle 13:15. Per andare a casa può prendere la linea A, e impiega 35 minuti, oppure la linea C, e impiega 15 minuti. Filippo prende l'autobus della linea che gli permette di arrivare a casa prima.

Completa la frase.

Filippo prende l'autobus della linea .... e arriva a casa alle ore ....

Giovanni arriva alla fermata dopo le 13:05 e può prendere solo autobus della linea C. Da quel momento lui vedrà passare l'autobus delle 13:22 (linea A), quello delle 13:30 (linea B) e poi finalmente quello delle 13:35 (linea C). Quindi è ovvio che prima che arrivi quello della linea C Giovanni vede passare 2 autobus. Quindi la risposta corretta è la B. Filippo arriva alla fermata alle 13:15 e può prendere la linea A o la linea C. Con la linea A il primo autobus utile è quello delle 13:22 col quale arriverebbe a casa in 35 minuti, quindi alle 13:57. Con la linea C il primo autobus utile è quello delle 13:35 col quale arriverebbe a casa alle 13:50. Quindi la frase va completata in questo modo: «Filippo prende l'autobus della linea C e arriva a casa alle ore 13:50».

268

D4. Un irrigatore è un dispositivo che distribuisce acqua alle piante. Il grafico in figura rappresenta la relazione tra la distanza di una pianta dall'irrigatore e la quantità di acqua fornita (per unità di superficie).

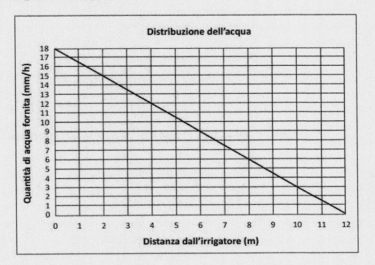

a. Quanti millimetri di acqua all'ora (mm/h) riceve una pianta posta a 2 metri dall'irrigatore?

Risposta: .... mm/h

b. A quale distanza si deve porre l'irrigatore in modo che una pianta riceva 6 millimetri di acqua all'ora?

Risposta: .... m

Quesito semplicissimo. Basta osservare il grafico. Una pianta posta a 2 metri dall'irrigatore riceverà 15mm/h di acqua. Per fare in modo, invece, che la pianta riceva 6 mm/h di acqua , l'irrigatore deve essere posto ad una distanza di 8m.

D5. In un negozio di elettrodomestici è possibile acquistare quattro tipi di *Music-Card* che permettono di scaricare musica da internet.

	Prezzo
Music-Card da 60 canzoni	3 euro
Music-Card da 100 canzoni	5 euro
Music-Card da 250 canzoni	10 euro
Music-Card da 600 canzoni	20 euro

a. Se si acquista la *Music-Card* da 3 euro qual è il costo di ogni singola canzone?

Risposta: ....

b. Se si acquista la *Music-Card* da 10 euro invece di quella da 5 euro, qual è la differenza di costo per ogni singola canzone?

A. ☐ 0,01 euro

B. ☐ 0,10 euro

C. ☐ 0,50 euro

D. ☐ 0,05 euro

Se si acquista la music-card da 3 euro, le canzoni sono 60. Quindi, per avere il costo di ogni singola canzone bisogna dividere 3 euro per 60, ovvero 300 centesimi per 60. Ma 300/60=5. Quindi ogni canzone costa 5 centesimi, ovvero 0,05 euro. Se, invece, si acquista la music-card da 10 euro, il costo di ogni singola canzone è dato da 1000/250=4 centesimi. Quindi ogni canzone costa 0,04 euro. Quindi la differenza di costo per ogni singola canzone è di 0,01 euro.

D15. n è un numero naturale. Considera l'affermazione: "Se n è pari allora $n + 1$ è un numero primo". L'affermazione è vera o falsa?

Scegli la risposta e completa la frase.

☐ L'affermazione è vera perché ....

....

....

☐ L'affermazione è falsa perché ....

....

Scrivere n+1 vuol dire considerare il successivo del numero n. Quindi affermare che n è un numero pari e che n+1 è un numero primo equivale a dire che i numeri dispari sono primi. Ma ciò è chiaramente falso, perché esistono numeri dispari che non sono primi, come 9, 13, 7, ecc.

Quaranta alunni hanno svolto una prova di Italiano e una di Matematica. In tabella sono riportate le frequenze dei voti ottenuti in ciascuna delle due prove: ad esempio, 5 alunni hanno ottenuto come voti 8 in Italiano e 6 in Matematica.

		ITALIANO			
		VOTO 5	VOTO 6	VOTO 7	VOTO 8
MATEMATICA	VOTO 5	0	0	2	0
	VOTO 6	2	7	1	5
	VOTO 7	2	1	3	9
	VOTO 8	0	1	7	0

a. Quanti alunni hanno preso gli stessi voti in Italiano e in Matematica?

Risposta: .... alunni

b. Quanti sono gli alunni che hanno ottenuto in Matematica un voto più alto del voto ottenuto in Italiano?

A. ☐ 7

B. ☐ 17

C. ☐ 13

D. ☐ 8

c. Scegliendo a caso un alunno, qual è la probabilità che abbia ottenuto 5 nella prova di Italiano?

Cerchiamo nella tabella gli alunni che hanno preso lo stesso voto in matematica e in italiano. Nessun alunno ha preso 5 o 8 sia in italiano che in matematica, 7 alunni hanno preso 6 in entrambe le materie, 3 alunni hanno preso 7 in entrambe le materie. Quindi gli alunni che hanno preso gli stessi voti in italiano e matematica sono 7+3=10. Per rispondere al quesito b dobbiamo sommare le combinazioni 6-5, 7-5, 7-6, 8-5, 8-6 e 8-7, ovvero 2+2+1+0+1+7=13. Quindi la risposta giusta è la C. Per calcolare, infine, la probabilità che un alunno scelto a casa abbia ottenuto 5 nella prova di italiano, bisogna contare gli alunni che hanno ottenuto 5 e rapportarlo al numero di alunni totale. Nel nostro caso 4/40, e semplificando 1/10, ovvero il 10%.

D12. Il ristorante "La Baia dei Re" offre un menu completo a prezzo fisso, con la possibilità di scegliere tra tre primi, due secondi e due dolci.

Ristorante "La Baia dei Re"
Menu a prezzo fisso: 25 euro

Primo:

Spaghetti allo scoglio

Linguine al pesto

Risotto alla pescatora

Secondo:

Fritto misto

Rombo alla griglia

Dolce:

Sorbetto al limone

Crema catalana

Quanti diversi menu completi (un primo, un secondo e un dolce) al massimo si possono comporre?

A. ☐ 12

B. ☐ 2

C. ☐ 9

D. ☐ 6

Per giungere alla soluzione basta osservare che le combinazioni tra secondo piatto e dolce sono 4. Considerando che queste 4 combinazioni possono essere abbinate a 3 primi diversi, basta fare il calcolo 4x3=12. Quindi si possono comporre al massimo 12 menù completi.

D18. In un sacchetto ci sono solo 4 palline blu. Quante palline verdi si devono inserire nel sacchetto affinché la probabilità di estrarre una pallina verde sia $\frac{2}{3}$?

A. ☐ 2

B. ☐ 12

C. ☐ 6

D. ☐ 8

Qui possiamo operare per esclusione. Se aggiungiamo una pallina verde, la probabilità di estrarre una pallina verde è 1/5. Se aggiungiamo 2 palline verdi la probabilità è 2/6. Se aggiungiamo 3 palline verdi la probabilità è 3/7. Se aggiungiamo 4 palline verdi la probabilità è 4/8, cioè ½. Se aggiungiamo 5 palline verdi la probabilità è 5/9. Se aggiungiamo 6 palline verdi la probabilità è 6/10, cioè 3/5. Se aggiungiamo 7 palline verdi la probabilità è 7/11. Se aggiungiamo 8 palline verdi la probabilità è 8/12, ovvero 2/3. Quindi la risposta giusta è la D.

D13. Nel grafico sono riportati i prezzi al litro della benzina e del gasolio nel mondo (in dollari americani).

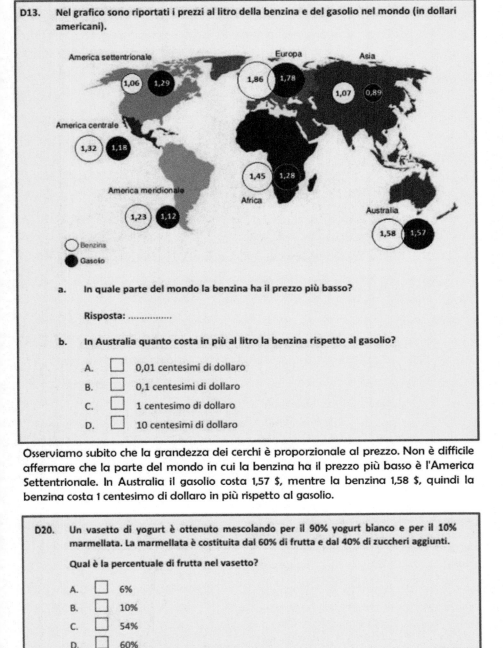

a. In quale parte del mondo la benzina ha il prezzo più basso?

Risposta: ....

b. In Australia quanto costa in più al litro la benzina rispetto al gasolio?

A. ☐ 0,01 centesimi di dollaro

B. ☐ 0,1 centesimi di dollaro

C. ☐ 1 centesimo di dollaro

D. ☐ 10 centesimi di dollaro

Osserviamo subito che la grandezza dei cerchi è proporzionale al prezzo. Non è difficile affermare che la parte del mondo in cui la benzina ha il prezzo più basso è l'America Settentrionale. In Australia il gasolio costa 1,57 $, mentre la benzina 1,58 $, quindi la benzina costa 1 centesimo di dollaro in più rispetto al gasolio.

D20. Un vasetto di yogurt è ottenuto mescolando per il 90% yogurt bianco e per il 10% marmellata. La marmellata è costituita dal 60% di frutta e dal 40% di zuccheri aggiunti.

Qual è la percentuale di frutta nel vasetto?

A. ☐ 6%

B. ☐ 10%

C. ☐ 54%

D. ☐ 60%

Dobbiamo leggere bene il testo del quesito. Abbiamo il 10% di marmellata. Di questo 10% il 60% è costituita da frutta. Quindi dobbiamo calcolare il 60% del 10%. Basta applicare la proporzione 60:100=x:10. Quindi x=60x10:100=6%

Il seguente grafico rappresenta alcune caratteristiche fisiche di tre laghi.

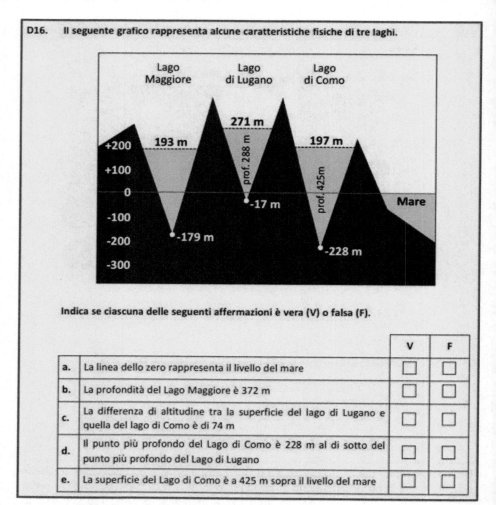

Indica se ciascuna delle seguenti affermazioni è vera (V) o falsa (F).

		V	F
a.	La linea dello zero rappresenta il livello del mare	☐	☐
b.	La profondità del Lago Maggiore è 372 m	☐	☐
c.	La differenza di altitudine tra la superficie del lago di Lugano e quella del lago di Como è di 74 m	☐	☐
d.	Il punto più profondo del Lago di Como è 228 m al di sotto del punto più profondo del Lago di Lugano	☐	☐
e.	La superficie del Lago di Como è a 425 m sopra il livello del mare	☐	☐

La prima affermazione è vera. Infatti dalla figura si vede chiaramente che la linea del mare è in corrispondenza dello zero. La seconda affermazione è vera, in quanto 193+179=372m. La terza affermazione è vera, perché 271-197=74m. La quarta affermazione è falsa, in quanto, in realtà il punto più profondo del lago di Como si trova 228m al di sotto del livello del mare e non del punto più profondo del lago di Lugano. Infine, la quinta affermazione è falsissima, perché in realtà la superficie del Lago di Como si trova a 197m sul livello del mare, e non a 425m.

D21. Nella tabella sono riportati i dati relativi alla raccolta differenziata dei rifiuti nelle province liguri dal 2009 al 2012. I dati sono forniti in chilogrammi per abitante.

Raccolta differenziata (kg/abitante)				
	2009	2010	2011	2012
Imperia	152,9	184,7	143,1	119,0
La Spezia	160,0	167,9	182,3	184,4
Genova	128,2	153,0	172,3	178,9
Savona	194,0	122,2	119,3	119,7

Con i dati della tabella è stato costruito il seguente grafico.
Completa la legenda del grafico.

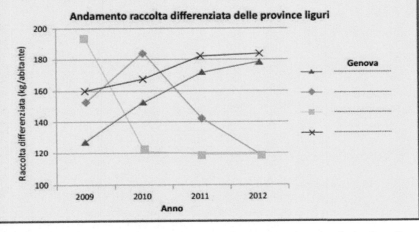

Per rispondere al quesito basta osservare bene la tabella e riportare i valori nel grafico. Con un po' di osservazione, possiamo facilmente dire che il grafico con i quadratini è quello relativo a Savona; quello con i rombi è relativo a Imperia; quello con le croci è relativo a La Spezia.

275

Per calcolare il voto V di laurea in alcune facoltà viene applicata la seguente formula:

$$V = \frac{M}{3} \cdot 11 + T$$

dove:

- M rappresenta la media dei voti (variabile da un minimo di 18 a un massimo di 30);
- T è il punteggio attribuito alla tesi di laurea (variabile da un minimo di 5 a un massimo di 11 punti).

a. La media M dei voti di Irene è 24. Il suo voto V di laurea può essere 90?

   Scegli la risposta e completa la frase.

   ☐ Sì, perché ....
   ....
   ....

   ☐ No, perché ....
   ....
   ....

b. La media M dei voti di Pietro è 27. Pietro vuole ottenere almeno 105 come voto V di laurea.

   Qual è il punteggio minimo T che Pietro dovrà ottenere nella tesi?

Per rispondere al primo quesito dobbiamo sostituire 24 alla lettera M e calcolare il risultato:

$$V = 24 : 3 \times 11 + T = 88 + T$$

Si può osservare che per avere 90 come voto di laurea, il punteggio attribuito alla tesi di laurea (T) dovrebbe essere uguale a 2, ma il testo afferma che T è variabile da un minimo di 5 a un massimo di 11 punti. Quindi la risposta è NO, perché T dovrebbe assumere un valore inferiore all'intervallo previsto.

Per rispondere al secondo quesito bisogna sostituire 27 alla lettera M:

$$V = 27 : 3 \times 11 + T = 99 + T$$

A questo punto possiamo affermare che per ottenere almeno 105 come voto di laurea, Pietro dovrà ottenere nella tesi un punteggio di almeno 6 (infatti 99 + 6 = 105).

D26. Luisa e Giovanna utilizzano un numero diverso di mollette quando devono stendere più di un telo, come in figura.

Luisa

Giovanna

a. Completa la seguente tabella.

Numero di teli	Numero di mollette per Luisa	Numero di mollette per Giovanna
2	4	3
3	6	4
4	8	5
6	....	....
....	20	....
....	....	20

b. Quale fra le seguenti espressioni rappresenta il numero di mollette usate da Giovanna per stendere *n* teli?

A. ☐ $n - 1$

B. ☐ $n + 1$

C. ☐ $2n - 1$

D. ☐ $n + 2$

c. Giovanna e Luisa stendono lo stesso numero di teli. Giovanna usa *x* mollette. Quale espressione permette di calcolare il numero di mollette che usa Luisa?

A. ☐ $(x - 1) \cdot 2$

B. ☐ $2x - 1$

C. ☐ $x + 1$

D. ☐ $x : 2 + 1$

Osserviamo subito che Giovanna, a differenza di Luisa, utilizza meno mollette perché sovrappone un telo all'altro. Quindi alcune mollette stringono due teli contemporaneamente. Dai dati inseriti in tabella possiamo osservare che per Luisa il numero di mollette da usare sarà dato dal doppio del numero di teli, mentre per Giovanna sarà dato dal numero di teli più 1. Quindi possiamo completare facilmente la tabella. Con 6 teli Luisa usa 12 mollette, mentre Giovanna 8. Se Luisa usa 20 mollette i teli sono 10, per cui Giovanna usa 11 mollette. Infine, se Giovanna usa 20 mollette, evidentemente i teli da stendere sono 19, e quindi il numero di mollette che deve usare Luisa è 38.

Ovviamente la risposta giusta del secondo e terzo quesito è rispettivamente la B e la A.

D3. Osserva l'edificio nella foto.

Quanto può essere alto l'edificio?

A. ☐ meno di 10 metri

B. ☐ tra 15 e 20 metri

C. ☐ tra 25 e 30 metri

D. ☐ più di 35 metri

Basta osservare un po' la figura ed i riferimenti presenti. Ci sono due automobili (un'automobile è alta circa 1,5m). Ma se si osserva che il soffitto di una casa dista dal pavimento tra i 3m e i 4m e che i piani dell'edificio, compreso, il piano terra, sono 5, basta moltiplicare 3 x 5 e ottenere 15m, oppure 4 x 5 e ottenere 20m. Quindi la risposta giusta è "Tra 15 e 20 metri".

D1. Paola, quando corre, consuma 60 kcal per ogni chilometro percorso.

a. Completa la seguente tabella che indica le kcal consumate da Paola al variare dei chilometri percorsi.

chilometri percorsi (*n*)	kcal consumate (*k*)
1	60
3	....
5	....

b. Se *n* indica il numero di chilometri che Paola percorre, quale delle seguenti formule permette di calcolare quante kcal (*k*) consuma Paola correndo?

A. ☐ $k = 60 \cdot n$

B. ☐ $k = 60 : n$

C. ☐ $k = n : 60$

D. ☐ $k = n + 60 + 60$

Il quesito afferma che Paola, quando corre, consuma 60 kcal per ogni chilometro percorso. Quindi si può completare molto facilmente la tabella moltiplicando per 60 il numero di chilometri percorsi: 1x60=60; 3x60=180; 5x60=300. A questo punto si può facilmente rispondere anche alla seconda parte del quesito. Ovviamente, poichè abbiamo sempre moltiplicato 60 per il numero di chilometri percorsi (n), la risposta giusta è la A) k=60xn.

D9. Qual è il risultato dell'operazione $2 + \frac{3}{100}$?

A. ☐ $\frac{5}{100}$

B. ☐ $\frac{3}{50}$

C. ☐ 2,3

D. ☐ 2,03

Effettuiamo la somma di 2 con 3/100. Possiamo procedere in due modi, o calcolando la somma di 2/1 con 3/100 oppure trasformando 3/100 in numero decimale e poi sommarlo a 2. Nel primo caso il risultato è 203/100, cioè 2,03. Nel secondo caso avremo 2+0,03=2,03. In entrambi i casi avremo che la risposta esatta è la D.

c. Quando Paola cammina, consuma 30 kcal al chilometro. Oggi Paola ha fatto un percorso di 10 km: per i primi 3 km ha corso, poi ha camminato per 5 km e poi ha corso di nuovo fino alla fine.

Il seguente grafico mostra come varia il consumo di kcal nei primi 8 km percorsi. Completa il grafico mettendo una crocetta in corrispondenza del consumo di kcal al nono e al decimo chilometro.

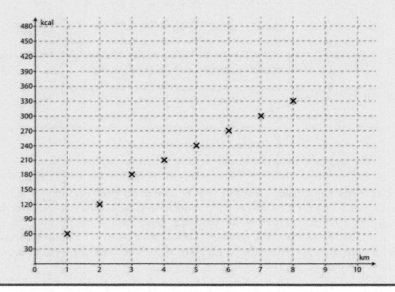

Per risolvere questo quesito bisogna osservare attentamente la pendenza del grafico. Sull'asse delle ordinate (verticale) abbiamo le kcal (ogni trattino indica 30 kcal), mentre sull'asse delle ascisse (orizzontale) sono indicati i km percorsi da Paola. Nei primi 3 km Paola corre, per cui la pendenza del grafico, come si può osservare, è maggiore, mentre per i successivi 5 km Paola cammina, per cui consuma meno kcal e la pendenza del grafico è minore. Poichè dopo l'ottavo chilometro Paola riprende a correre, è chiaro che la pendenza del grafico aumenta di nuovo e diventa uguale a quella dei primi tre chilometri percorsi. Quindi la crocetta al nono chilometro va messa in corrispondenza di 390 kcal, al decimo chilometro in corrispondenza di 450 kcal. Anche questo quesito non è difficile.

280

D2. La densità della popolazione si calcola dividendo il numero degli abitanti per la superficie di un territorio (abitanti per km²). Il seguente grafico rappresenta la densità della popolazione nel 2011 nei 27 paesi dell'Unione Europea (Ue).

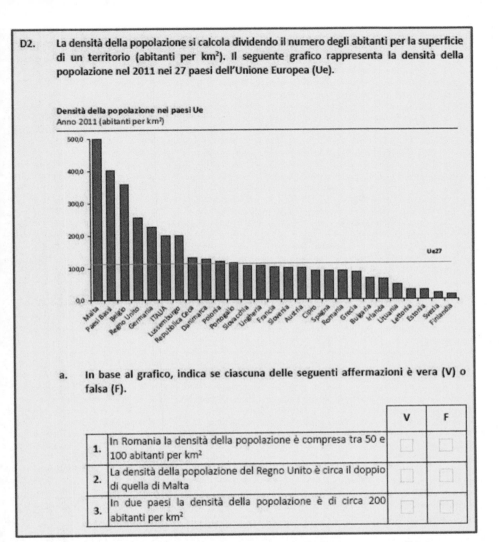

Densità della popolazione nei paesi Ue
Anno 2011 (abitanti per km²)

a. In base al grafico, indica se ciascuna delle seguenti affermazioni è vera (V) o falsa (F).

		V	F
1.	In Romania la densità della popolazione è compresa tra 50 e 100 abitanti per km²	☐	☐
2.	La densità della popolazione del Regno Unito è circa il doppio di quella di Malta	☐	☐
3.	In due paesi la densità della popolazione è di circa 200 abitanti per km²	☐	☐

Per rispondere vero o falso alle tre affermazioni in tabella basta osservare l'istogramma in figura, che riporta sull'asse delle ordinate la densità della popolazione e su quello delle ascisse i diversi paesi dell'Unione Europea. La prima frase afferma che in Romania la densità della popolazione è compresa tra 50 e 100 abitanti per kmq. Se osserviamo il rettangolino relativo alla Romania possiamo notare che effettivamente la sua altezza è compresa tra 50 e 100. Quindi l'affermazione è vera. La seconda frase afferma che la densità della popolazione del Regno Unito è circa il doppio di quella di Malta. Osservando di nuovo l'istogramma possiamo notare che in realtà è vero l'esatto contrario, in quanto la densità di popolazione del Regno Unito è circa la metà di quella di Malta. Quindi l'affermazione è falsa. Infine, la terza frase afferma che in due paesi la densità della popolazione è di circa 200 abitanti per kmq. Osservando l'istogramma possiamo effettivamente constatare che l'Italia e il Lussemburgo hanno una densità di popolazione che è di circa 200 abitanti per kmq. Quindi la terza affermazione è vera.

D2. La densità della popolazione si calcola dividendo il numero degli abitanti per la superficie di un territorio (abitanti per km²). Il seguente grafico rappresenta la densità della popolazione nel 2011 nei 27 paesi dell'Unione Europea (Ue).

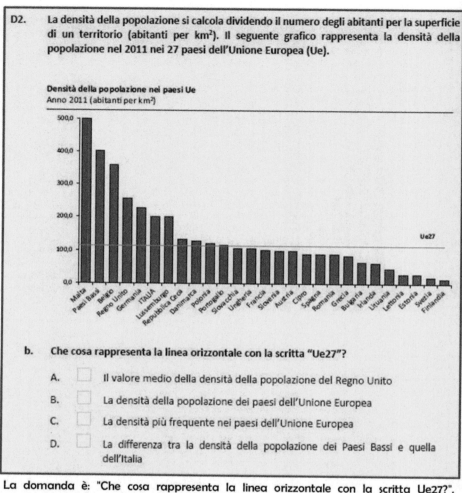

Densità della popolazione nei paesi Ue
Anno 2011 (abitanti per km²)

b. Che cosa rappresenta la linea orizzontale con la scritta "Ue27"?

A. ☐ Il valore medio della densità della popolazione del Regno Unito

B. ☐ La densità della popolazione dei paesi dell'Unione Europea

C. ☐ La densità più frequente nei paesi dell'Unione Europea

D. ☐ La differenza tra la densità della popolazione dei Paesi Bassi e quella dell'Italia

La domanda è: "Che cosa rappresenta la linea orizzontale con la scritta Ue27?". Ovviamente indica la densità della popolazione nell'intera Unione Europea.

D7. a è un numero dispari maggiore di 3. Quale delle seguenti espressioni rappresenta il numero dispari successivo ad a?

A. ☐ $a + 1$

B. ☐ $2a + 1$

C. ☐ $2a - 1$

D. ☐ $a + 2$

Sappiamo tutti che i numeri pari e i numeri dispari si alternano: un pari, poi un dispari, poi di nuovo un pari, e così via. Quindi è chiaro che se "a" è un numero dispari, per avere il numero dispari successivo ad esso bisogna aggiungere 2 ad "a". Quindi la risposta esatta è la D (a+2).

D4. Sulla seguente retta dei numeri sono ordinate due potenze di un numero razionale *n*.

n^3 n^2

Indica con una crocetta se ciascuna delle seguenti affermazioni è vera (V) o falsa (F).

		V	F
a.	Il valore di *n* può essere $+\dfrac{1}{2}$	☐	☐
b.	Il valore di *n* può essere $-\dfrac{1}{2}$	☐	☐
c.	Il valore di *n* può essere $+\dfrac{3}{2}$	☐	☐
d.	Il valore di *n* può essere $-\dfrac{3}{2}$	☐	☐

Per risolvere questo quesito bisogna ricordare che la retta orientata dei numeri non è altro che una retta a cui è stato aggiunto un verso (la punta della freccia, per intenderci) e dei numeri. Il verso indica appunto verso quale direzione i numeri naturali passano dai più piccoli ai più grandi. In altre parole, se la freccia è a destra, come nel nostro caso, man mano che ci spostiamo verso destra avremo numeri via via più grandi. Sulla retta in figura il quesito posiziona due potenze "n al cubo" e "n al quadrato", con il primo situato a sinistra del secondo, quindi con il primo minore del secondo. Vediamo cosa succede se sostituiamo +1/2 alla n. Effettuando qualsiasi potenza di 1/2 è ovvio che il numeratore resterà sempre 1, mentre il denominatore varierà a seconda della potenza assegnata. Nel nostro caso elevando 2 alla terza otteniamo 8, mentre elevando 2 alla seconda otteniamo 4. Ma noi sappiamo che 1/8 < 1/4, per cui la prima affermazione in tabella è vera. Nella seconda affermazione in tabella è molto importante il segno della frazione. Infatti sappiamo che un numero negativo elevato ad un esponente dispari resterà negativo, mentre elevato ad un numero pari diventerà positivo. Nel nostro caso elevando -1/2 alla terza avremo -1/8, mentre elevando   -1/2 alla seconda avremo +1/4. Ma è ovvio che -1/8 <+1/4, perchè un numero negativo è sempre minore di un numero positivo. Quindi anche la seconda affermazione è vera. Lo stesso discorso vale per la terza affermazione. Per cui anch'essa è vera. L'unica affermazione che risulta falsa è la terza. Infatti +3/2 alla terza fa +27/8, mentre +3/2 alla seconda fa +9/4.
Ma +27/8 > +9/4.

283

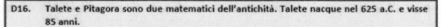
Sappiamo che la moda di una serie di valori è il valore con la frequenza assoluta maggiore. Nel nostro caso la velocità con la frequenza, maggiore come si vede bene dal grafico, è 9 km/h.

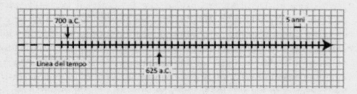
Per calcolare l'anno di morte di Talete e la data di nascita di Pitagora bisogna innanzitutto notare che l'unità di misura utilizzata per la linea del tempo è di 5 anni. Ogni quadratino, quindi, corrisponde a 5 anni. Sappiamo che Talete nacque nel 625 a.C. e che visse 85 anni, Tenendo presente l'unità di misura di 5 anni, evidentemente per calcolare l'anno di morte di Talete dobbiamo contare verso destra 17 quadratini (5 anni x 17 = 85 anni). Qui possiamo aggiungere una freccia che indichi l'anno di morte di Talete. Per calcolare l'anno esatto basta fare 625 - 85 = 540 a.C. Talete morì nel 540 a.C. Sappiamo inoltre che quando Talete aveva 50 anni nacque Pitagora. Quindi per sapere l'anno di nascita di Pitagora basta fare 625 - 50 = 575 a.C.

Il signor Giorgi paga per il telefono 40 euro al mese.

Decide di cambiare compagnia telefonica e prende in considerazione due offerte:

- Offerta A: permette un risparmio del 4 % rispetto alla sua tariffa attuale.

- Offerta B: permette un risparmio di 4 euro al mese rispetto alla sua tariffa attuale.

Con quale delle due offerte il signor Giorgi spenderebbe di meno?

Scegli una delle due risposte e completa la frase.

☐ Il signor Giorgi spenderebbe di meno con l'offerta A, perché ....

....

....

☐ Il signor Giorgi spenderebbe di meno con l'offerta B, perché ....

....

....

Per arrivare alla risposta bisogna fare uso delle proporzioni per calcolare a quanti euro corrisponde il 4% di risparmio. In particolare basta scrivere la proporzione 4:100=x:40, dalla quale si ricava che x=4x40/100=1,6 euro. Quindi con l'offerta A il signor Giorgi risparmierebbe 1,6 euro, ben al di sotto dei 4 euro che risparmierebbe con l'offerta B. Quindi l'offerta più conveniente è sicuramente la B.

D19. Per produrre 1 kg di carne da manzi di allevamento si utilizzano 10 000 litri di acqua. Quanti litri di acqua occorrono per produrre 1 000 kg di carne?

Scrivi il risultato come potenza del 10, inserendo l'esponente corretto nel quadratino.

Risposta: 10 □

Se per produrre 1kg di carne occorrono 10000 litri d'acqua, è chiaro che per produrre 1000 kg di carne ne occorrono 10000000 (10 milioni di litri). Sappiamo che per esprimere 10 milioni come potenza del 10 basta scrivere una potenza che abbia 10 come base e come esponente il numero di zeri presenti nel numero (nel nostro caso 7). Quindi il risultato è 10 alla 7.

D22. Martina ha eseguito la seguente moltiplicazione.

$$2,85 \cdot 0,92$$

Indica con una crocetta se ciascuna delle seguenti affermazioni è vera (V) o falsa (F).

		V	F
a.	Il risultato è maggiore di 2,85	☐	☐
b.	Il risultato è maggiore di 0,92	☐	☐
c.	Il risultato è il 92% di 2,85	☐	☐

Il quesito parte da una moltiplicazione effettuata da Martina. Proviamo a vedere se le affermazioni sono vere o false. La prima frase afferma che il risultato della moltiplicazione è maggiore di 2,85. Evidentemente l'affermazione è del tutto falsa, perchè moltiplicare un numero per 0,92 vuol dire moltiplicarlo per 92 e dividerlo per 100. Quindi il risultato non potrà che essere minore del numero stesso. Falsissimo! La seconda frase afferma che il risultato è maggiore di 0,92. E' evidente che l'affermazione è verissima, in quanto 0,92 è stato moltiplicato per 2,85. Vero! La terza frase afferma che il risultato è il 92% di 2,85. Verissimo, in quanto per calcolare il 92% di 2,85 dobbiamo moltiplicare il numero per 92 e dividerlo per 100. E' proprio quello che è stato fatto da Martina.

D23. Considera due numeri naturali qualsiasi s e t. Se $a = 3s$ e $b = 3t$, allora $a + b$ è sempre divisibile per 3 perché...

A. ☐ $a + b = 3s + 3t = 3 \cdot (s + t)$

B. ☐ $a + b = 3$

C. ☐ $a + b = 6 + 9 = 15$

D. ☐ $a + b = 3s + 3t = 3 \cdot s + t$

Si vede subito che la risposta giusta è la A, in quanto 3s+3t può anche essere scritto come il prodotto tra 3 e la somma (s+t). Questo prodotto può essere benissimo diviso per 3.

D25. Osserva la seguente tabella.

n	1	2	3	4	5	6	7	8
2^n	2^1	2^2	2^3	2^4	2^5	2^6	2^7	2^8
Cifra delle unità di 2^n	2	4	8	6	2	4	....	....

a. Completa la tabella inserendo al posto dei puntini la cifra delle unità di 2^7 e la cifra delle unità di 2^8.

b. Immagina di continuare la tabella fino a $n = 20$.

Qual è la cifra delle unità di 2^{20}?

A. ☐ 2

B. ☐ 4

C. ☐ 6

D. ☐ 8

La tabella va completata con il numero di unità del risultato delle potenze del 2. Praticamente va inserita nelle caselle l'ultima cifra del risultato. Siccome 2 alla 7 fa 128, evidentemente il numero di unità sarà 8. Siccome 2 alla 8 fa 256, evidentemente il numero di unità da inserire nella casella sarà 6. Notiamo poi che i numeri 2, 4, 8, 6 si ripetono. Quindi facendo gli opportuni calcoli possiamo stabilire che per 2 alla 20 il numero di unità sarà 6.

287

Osserva il seguente grafico, relativo alla produzione annuale di scarpe di una fabbrica.

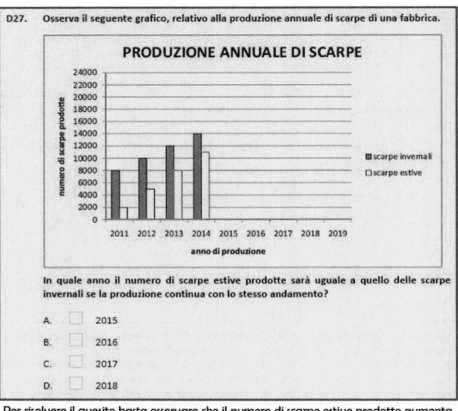

In quale anno il numero di scarpe estive prodotte sarà uguale a quello delle scarpe invernali se la produzione continua con lo stesso andamento?

A. ☐ 2015

B. ☐ 2016

C. ☐ 2017

D. ☐ 2018

Per risolvere il quesito basta osservare che il numero di scarpe estive prodotto aumenta di anno in anno di 3000, mentre il numero di scarpe invernali aumenta di 2000. Con opportune stime si può stabilire che il numero sarà uguale nel 2017.

D28. Osserva questa uguaglianza:

$$3 + \frac{2}{5} + \frac{1}{1000} = m$$

Quale fra i seguenti valori di *m* rende vera l'uguaglianza?

A. ☐ $m = 3{,}201$

B. ☐ $m = 3{,}041$

C. ☐ $m = 3{,}401$

D. ☐ $m = 3{,}251$

Per rispondere a questo quesito dobbiamo svolgere i calcoli a sinistra del segno di uguaglianza e vedere il risultato:

$$3 + \frac{2}{5} + \frac{1}{1000} = \frac{3000 + 400 + 1}{1000} = \frac{3401}{1000} = 3{,}401$$

Quindi la risposta giusta è la C.

D25. Osserva lo schema.

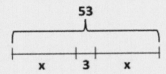

Quale delle seguenti equazioni può rappresentare lo schema?

A. ☐ $3 \cdot 2x = 53$

B. ☐ $x + 3x = 53$

C. ☐ $2x + 3 = 53$

D. ☐ $3 + x^2 = 53$

Nel disegno abbiamo un segmento lungo 53, formato da due segmenti uguali che misurano x, e da un segmento più piccolo che misura 3. Quindi evidentemente l'equazione che rappresenta lo schema in figura è quella indicata con la lettera C: 2 segmenti lunghi x più un segmento lungo 3 danno come risultato un segmento lungo 53.

D12. Nel gioco del superenalotto ogni giocatore sceglie almeno sei numeri interi compresi tra 1 e 90. Gli organizzatori estraggono a caso sei numeri, sempre compresi tra 1 e 90. Vincono i giocatori che hanno scelto proprio gli stessi numeri estratti dagli organizzatori del gioco.

Sara ha scelto i numeri 1, 2, 3, 4, 5, 6.

Guglielmo ha scelto i numeri 7, 12, 15, 23, 28, 34.

Sara e Guglielmo hanno la stessa probabilità di vincere?

A. ☐ No, perché i numeri scelti da Sara sono consecutivi

B. ☐ Sì, perché tutti i numeri hanno la stessa probabilità di essere estratti

C. ☐ No, perché Sara e Guglielmo non hanno scelto gli stessi numeri

D. ☐ Sì, perché non conosciamo i numeri usciti nelle estrazioni precedenti

E' ovvio che entrambi i giocatori hanno la stessa probabilità di vincere perchè hanno estratto entrambi 6 numeri ed i numeri hanno tutti la stessa probabilità di uscire. Quindi la risposta esatta è la B.

Printed by Amazon Italia Logistica S.r.l.
Torrazza Piemonte (TO), Italy

60425220R00171